打造小小世界

用身邊小物製作情景模型與袖珍屋

U0072652

序

「不管做什麼都好，我想動手做東西。」

Hanabira 工房製作縮尺模型的起點，

就是這麼一個單純的想法。

製作方式全都是自學，不斷遭遇失敗，

挑戰無數次之後，做出來的東西才逐漸像樣起來。

沒有人從一開始就什麼都會。

我有過許多「自己明明很認真投入，

成果卻不盡理想」的經驗。

但我覺得，這種失敗也正是做東西的有趣之處。

我製作模型的方法全都公開在 YouTube 頻道上，毫無保留。

這是因為我希望將

製作縮尺模型的樂趣分享給大家。

這本書裡面介紹了

過去的作品中我自己特別喜愛的，

某些作品也進行了調整，變得更適合初學者。

除了講解製作方式，

書中也附有紙樣及紙模型以便於製作。

希望大家先動手做做看，

當愈來愈熟練、產生興趣之後，

不妨進一步挑戰，試著自己創作新作品。

Hanabira 工房

CONTENTS

序 2

PART 1
帶人回到過去的復古懷舊風袖珍屋

FILE 01 　森林家族的房屋改造而成的洋房 ⋯⋯ 6

FILE 02 　Hanabira工房的工作室 ⋯⋯ 10

FILE 03 　老舊公寓裡的獨居生活 ⋯⋯ 14

FILE 04 　袖珍屋咖啡店裡的小小世界 ⋯⋯ 18

FILE 05 　使用袖珍屋材料包製作的花園小屋 ⋯⋯ 22

FILE 06 　中藥行的一隅 ⋯⋯ 26

FILE 07 　藏在書本裡的袖珍屋 ⋯⋯ 30

FILE 08 　凌晨三點的深夜金魚店 ⋯⋯ 34

FILE 09 　宅在家專用的隱藏房間 ⋯⋯ 38

COLUMN 　具有特殊意義的早期作品　Hanabira工房的開端 ⋯⋯ 42

PART 2
與自然共存的情景模型及縮尺模型

FILE 01 　糖果棍車站 ⋯⋯ 44

FILE 02 　文明滅亡後的世界 ⋯⋯ 48

FILE 03 　深夜的木製自動販賣機 ⋯⋯ 52

FILE 04 　畫中的神祕之門 ⋯⋯ 56

FILE 05 　森林中的廢棄巴士 ⋯⋯ 60

PART 3
適合初學者製作的情景模型與袖珍屋

常用到的工具 ⋯⋯ 64

便利省事的工具 ⋯⋯ 65

藏在書本裡的袖珍屋（書房）⋯⋯ 66

用1000日圓做出巷弄的一隅 ⋯⋯ 80

初學者也做得出來的袖珍屋 ⋯⋯ 94

獨家原創紙模型 ⋯⋯ 125

後記　127

| PART 1 |

帶人回到過去的
復古懷舊風袖珍屋

是舊日美好時光的幻影，還是通往美夢的入口？

Hanabira 工房的袖珍屋有種神奇的魔力，會讓人湧現懷舊之情。

先來看看其作品之中所展現的世界觀吧。

FILE ―01

森林家族的房屋
改造而成的洋房

在二手商店買來森林家族的房屋並進行改造後，誕生了這件作品。這間房屋放在店裡積了一層灰塵，因而引起我的注意，我觀望半年左右，最終還是出手買了下來。作品的主題是「原本光鮮亮麗的房子在經過時間洗禮後，留下了生活的痕跡」。即使是任何人都不看在眼裡的物品，只要經過悉心打理，就能賦予其新生命——這是我在製作這件作品時所懷抱的想法。

❶外牆使用白色壓克力顏料，屋頂及門、窗等則是以裝潢用噴漆塗裝。就算是生活百貨買來的噴漆，用消光黑還是能營造出高級感，我很推薦。

❷魚缸故意不做外框，以呈現穿透感。櫃子上的書每本都是自己動手做的。 ❸二樓做出了一大面書櫃。收在書櫃裡的書封面是用電腦設計的。 ❹書櫃裡的不但每本都可以抽出來，而且還能一頁一頁翻開。 ❺看起來像字典的《叙々苑》拿掉外盒打開來後，裡面竟然有錢！我很喜歡這種帶有詼諧感的元素。其實這間袖珍屋裡另外還有兩個地方藏了私房錢。

❻客廳茶几上放著正在編輯影片的筆電及平板，就像我自己的書桌。另外還做出了優格和水。水是用樂高的零件翻模，以樹脂做出來的。 ❼沙發是用接著劑將布黏起來，中間再塞入棉花。觀葉植物的葉子每一片也都是手工製作的。 ❽製作電話的材料包括椴木板、牙籤、鐵絲等。撥號盤是裁切塑膠板，然後打洞、塗裝而成。 ❾冰箱是可以打開的，能再放縮尺模型進去。打開水槽下方的門會看到裡面有水管。

❿櫃子裡的碗盤是生活百貨賣的便當叉的裝飾部分改造而成，或是自己從零開始做起，使用了各種不同方法製作。家具配合了森林家族的道具設計尺寸，因此可以把人偶放進來玩。

FILE O2

Hanabira工房的
工作室

這是我自己的房間理想化之後的樣子。平時我從早
上就開始做縮尺模型,當太陽照進來時,房間裡看
起來就是這樣。家具及各種小東西的靈感來自於我
喜愛的歌手的MV。住在裡面的這隻青蛙在做的,
正是這個房間。青蛙是我在生活百貨碰巧發現的,
放進縮尺模型中出乎意料地適合,因此後來不斷出
現在Hanabira工房的作品中。

❶玻璃櫃是我參考自己家裡的家具設計的。裡面放的是我初期製作，具有特別意義的縮尺模型（參閱 P.42）。 ❷貼在牆壁上的，是製作本作品時實際用到的設計圖。 ❸魚缸下方放的是收納設計圖等文件的收納盒。

參閱 P.42

PART 1

❹這些是我常用的生活百貨的筆。將牙籤削細做成筆桿，然後放上樹脂黏土做的筆尖。 ❺工作檯。切割墊是掃描我自己平時用的切割墊再列印輸出做成的，完全是原汁原味！

⑥

⑦

⑥藍色墨水瓶是將墊板加熱塑形做成的。這是想要表達我喜愛的歌手的MV其中一幕場景的感覺。 ⑦那支MV中曾出現用鋼筆反覆在白紙上寫字的畫面，讓我印象深刻，於是便將這當作題材。紙張從抽屜裡滿出來，是因為想表現焦躁的感覺，於是加上了自己想到的點子。

⑧

⑨

⑧檔案櫃的抽屜全都可以拉出來。放在上面的獎盃其實只是將接著劑的蓋子塗成金色而已。 ⑨我過去並沒有想過能夠出書，於是便自己做出了這一本《縮尺模型的世界》。書裡面有內容，是可以讀的。

FILE 03

老舊公寓裡的
獨居生活

我拿自己以前住過的公寓當參考，希望表現出昭和時代的獨居生活。這是我第一次使用TAMIYA的塑膠板來做家具。在此之前的作品，我主要是用木材製作家具，而這間公寓裡的書櫃、碗櫥、流理台、冰箱等，幾乎都是以塑膠板製成。另外，家具是實際丈量真正的家具後，做成1／16尺寸。我的第一件到第五件作品，家具都是憑感覺做的。從這件作品開始，為了更求逼真，我都會實際進行丈量。

❶可以藉由兩張照片比較白天與晚上氣氛的不同。白天時廚房後方的小窗戶會有些許光線照進來。房間整體陰暗的感覺也是一個重點。 ❷晚上開燈之後，白光照射下呈現出昭和時代的氛圍。輕輕敲電燈的部分，日光燈就會真的亮起來。

❸青蛙正坐在餐桌前看雜誌。杯麵忠實還原了內容物。裡面的料是以樹脂黏土製作，然後灌入樹脂。 ❹為了追求逼真，紙箱是我掃描自己家裡現有的紙箱後做出來的。牆壁上塗了打底劑（Gesso）混合苦土石灰做成的塗料，模擬類似砂壁的質感。

❺用塑膠板做流理台可以做出表面平滑的質感,看起來更逼真。磁磚用塑膠板來做也是正確的決定。碗盤瀝水架是用鐵絲做的。油汙的逼真程度可說是滿分! ❻櫃子每一層都可以拉開。露出白襯衫的一角感覺更有生活味。 ❼我把剛開始自己一個人生活時用過的小冰箱做成了縮尺模型留下回憶。旁邊架子上的黑色物體是Copic麥克筆的蓋子。只是這樣放上去,看起來就像電鍋一樣,實在很神奇。 ❽櫃子上方堆了許多即食調理包。故意放得亂七八糟,營造出邋遢的感覺。右邊的書櫃裡面放的是在縮尺模型世界裡,銷量達100萬本的人氣漫畫週刊《Shampoo》。

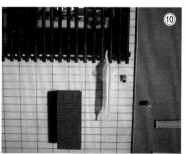

❾外觀是將我曾住過的公寓抽象化所設計出來的。紅色物體是滅火器。這件作品在確定出書以前其實沒有外牆,我藉這次機會加了上去。 ❿雨傘是將透明塑膠布捲起來做成的。把手是外層包覆白色塑膠的鐵絲。 ⓫11門口堆滿了垃圾!鏡子旁邊貼有收垃圾的時間表,但卻忘了拿出去⋯⋯。

FILE 04

袖珍屋咖啡店裡的
小小世界

在外牆長滿爬牆虎的小咖啡店裡，有一群更小的人悄悄在此生活。這是我在新冠肺炎疫情剛開始流行時做的作品。「雨過天晴」這個店名蘊含了我希望世界早日恢復正常的心願。能像過去那樣和他人近距離互動固然很好，自己獨處似乎也不錯。我將這樣的想法及對於懷舊遊戲的一絲嚮往放進了作品之中。

①外牆的磚塊是將木材切為小塊，再一塊塊黏起來。爬牆虎是買生活百貨的綠苔，用果汁機攪拌之後混合木工用接著劑，一道一道塗上。　❷店的招牌和展示招牌飲料冰淇淋蘇打的櫥窗。上方還掛了個晴天娃娃。

❸店內一角有一扇藍色小門，暗示了小人的存在。　❹吧檯後方的牆壁上有梯子與小人的出入口。左下方電視的畫面是拿我自己拍的照片加工而成。　❺吧檯的椅子重點在於靠背的形狀全都不一樣。先將薄木片泡熱水，然後彎曲成想要的形狀，並用遮蓋膠帶固定。就這樣放一天乾燥後，便成了各種形狀的靠背。裝砂糖的罐子是用吸管做的。

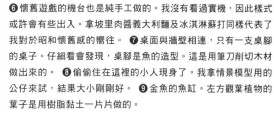

❻懷舊遊戲的機台也是純手工做的。我沒有看過實機，因此樣式或許會有些出入。拿坡里肉醬義大利麵及冰淇淋蘇打同樣代表了我對於昭和懷舊感的嚮往。 ❼桌面與牆壁相連，只有一支桌腳的桌子。仔細看會發現，桌腳是魚的造型。這是用筆刀削切木材做出來的。 ❽偷偷住在這裡的小人現身了。我拿情景模型用的公仔來試，結果大小剛剛好。 ❾金魚的魚缸。左方觀葉植物的葉子是用樹脂黏土一片片做的。

❿後方架子收著五顏六色的馬克杯。這些杯子是用吸管、樹脂黏土等各種材料做的，藉此表現出不同質感。 ⓫長出「房屋果實」的樹。這些是比咖啡店裡的小人更小的小人住的房子。 ⓬外側的磚牆是在珍珠板上用拆線器挖出溝槽，並以壓克力顏料塗裝。我打算之後再用這種外牆做出巷弄般的場景。

FILE 05
使用袖珍屋材料包製作的花園小屋

我改造了一下別人送我的溫室袖珍屋材料包，用這個做出外觀有些生鏽的花園小屋，靈感來自於哈利波特裡的芽菜教授的溫室。庭院部分做得較大，加入了情景模型的元素。使用袖珍屋材料包這種既有的成品，作品風格很容易就會被材料帶著走。但我希望更突顯有人居住的感覺及歲月的流逝，在反覆嘗試、修正後，做出了現在的樣子。

① 用水稀釋舊化展色劑，以摩擦的方式塗抹於窗戶周圍，營造老舊的感覺。澆水器及花盆用的是材料包附的配件，庭院裡的花則是我自己做的。

② 門原本只是夾在中間而已，為了營造有人使用的感覺，我刻意調整成半開，並用接著劑固定。 ③ 溫室裡面原本的樣子太過無趣，因此我在材料包的地板上黏了切成小塊的木材，做出變化。其中有一塊其實是青蛙的形狀，你看得出來是哪一塊嗎？ ④ 隔著窗戶看到的內部情景。屋內的植物是袖珍屋材料包的配件。架子疊上了不同顏色，以呈現生鏽效果，營造出歲月的痕跡。

⑤

⑥

❺屋頂的窗戶原本是打不開的,但我割開了其中四處並加以固定。綠苔用果汁機攪拌後混合木工用接著劑,隨意抹在屋頂上,表現長了青苔的感覺。　❻門容易生鏽的地方塗了舊化展色劑。割開來的窗戶是用細釘子固定。

❼青蛙在樹下睡午覺。樹幹是將鋁箔捲起來當芯,再以石粉黏土塑形。獨角仙的身體是樹脂黏土做的,將細鐵絲刺進身體就成了腳。　❽告示牌是以木材與牙籤製成。上面寫著住在屋子裡的人的自我介紹。欄杆是用生活百貨賣的圓棒與棒棒糖的棍子做的。　❾堆在信箱裡的信可以一封一封抽出來。

⑧

⑦

⑨

❿水池是將二液型的環氧樹脂著色為藍色。如果量多的話,環氧樹脂會比 UV 樹脂凝固得更漂亮。　⓫樹脂是分兩次倒進去的,在第一次倒的樹脂凝固時先畫上魚的形狀,看起來就會像是水底有魚的影子。

⑩

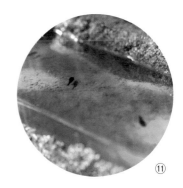

⑪

FILE ＿06

中藥行的一隅

我很喜歡吉卜力工作室作品中的世界，當我在想如果是自己來操刀，會設計出怎樣的建築時，浮現了這個構想──開在小巷盡頭，不起眼的小中藥行。雖然物品四散各處，但老闆對於什麼東西在哪裡可是一清二楚。只要喝下個性很有原則的老闆調配的祕方，任何疑難雜症都能馬上治好。其實用來調配祕方的植物就種在店的背面。這件作品就是在我不斷想像這些設定時做出來的。

❶ 我想做出有高度的牆壁，於是將櫃子疊了許多層，因此呈現出由下往上看也能強調牆壁高度的設計。地板的底座是相框。邊緣部分以人造花裝飾，營造一些不一樣的感覺。

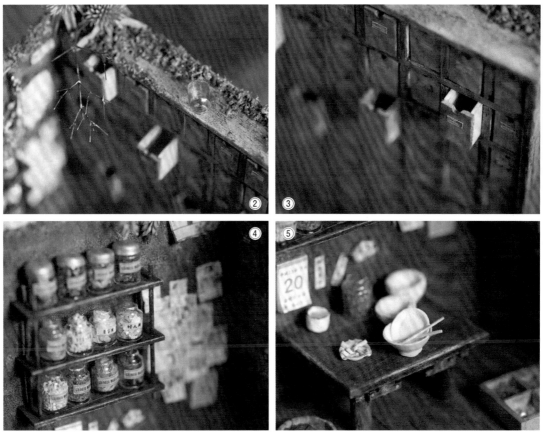

②
③
④
⑤

❷ 藍色瓶子是用透明墊板做的，塗上藍色樹脂後硬化。某天，老闆將瓶子隨手一扔，結果扔上了櫃子頂端，後來就這麼被遺忘了。這是記性好的老闆唯一忘記的東西。　❸ 櫃子是用木材做的，每一格都可以打開。某幾格裡面還剛好裝了藥草。　❹ 每一個瓶子都是手工製作的。裡面裝了婦女用、美容用、滋補強身用等各種用途的藥。　❺ 老闆一邊吃飯，一邊抽菸。桌子的造型模仿了中國及台灣的家具。桌子後方的紅色紙條有一種好像將什麼給封印起來的感覺。

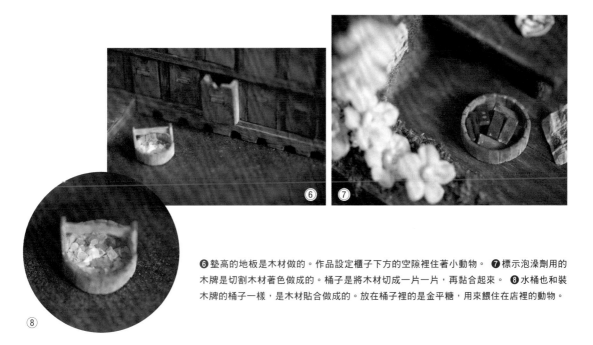

⑥
⑦
⑧

❻ 墊高的地板是木材做的。作品設定櫃子下方的空隙裡住著小動物。　❼ 標示泡澡劑用的木牌是切割木材著色做成的。桶子是將木材切成一片一片，再黏合起來。　❽ 水桶也和裝木牌的桶子一樣，是木材貼合做成的。放在桶子裡的是金平糖，用來餵住在店裡的動物。

FILE 07

藏在書本裡的
袖珍屋

一本本厚重的書籍其實是小人的家。浴室、和室、
書房等，每本書代表不同房間。說不定小人會趁半
夜偷偷在這些房間之間移動。從書背上的小窗戶可
以窺視小人的生活。這一系列書籍的外盒全都是用
牛皮紙板、影印紙之類的紙張做的。由於體積不
大，主題也限定在一定範圍之中，剛開始做縮尺模
型的話，很適合做這個系列。

①《風呂場》的靈感來自於昭和時代公寓的浴室。浴缸上簾狀的蓋子是將塑膠棒一根根黏合做成的。 ②毛巾架也是塑膠棒。由於牆上貼了日本地圖，可以推測或許小人家裡有小孩。

③洗澡水是在倒入 UV 樹脂並硬化後，再加入情景模型表現波浪時使用的造水劑（Water Effects），以毛筆製造出水波。 ④塑膠板貼上塑膠模型用的鏡面貼紙，就成了鏡子。水龍頭是塑膠棒，水管是外層包覆白色塑膠的鐵絲。水龍頭塗成了銀色。 ⑤牆壁與地板黏貼了塑膠板，並用壓克力刀劃出溝槽，表現磁磚的感覺。小椅子是塑膠板做的。

❻拿掉窗簾，便有柔和的光線從窗外照進來。　❼
小人每天都會坐在窗前看書。紙窗是在生活百貨買
來折紙用和紙上，將剪成細條狀的牛皮紙板黏成格
子狀。　❽榻榻米是網路上買來的榻榻米修補膠帶。
黑邊是牛皮紙板。椅子是用塑膠板做的，造型模仿
溫泉旅館的和室椅。　❾牆壁塗了苦土石灰與打底劑
（Gesso）混合成的塗料，再用水彩顏料塗裝。我刻
意保留許多結塊的苦土石灰，藉此表現砂壁的質感。

❿這間書房的製作方式會在
P.66～79詳細介紹！書架上
擺滿了有厚度的書，小人似乎
是閱讀愛好者。　⓫小人透過
書背上窗口照進來的光線默默
地閱讀。狹小的空間似乎讓小
人感到很舒適，能夠專注精
神。　⓬將書房裝進外盒裡，
看起來就更像真的書了。

【藏在書本裡的袖珍屋】

凌晨三點的深夜金魚店

我在睡不著的時候常會出去散步。凌晨三點路上幾乎沒有燈光，讓人覺得有些落寞。不過，看到正在進行開店前準備的麵包店亮著燈光時，會有種鬆了一口氣的感覺。我便是基於「在深夜中就算只有一小盞燈也好」的想法，做出了這件作品。這是一間半夜也有營業，老闆是青蛙的金魚店。我在 Google Earth 上發現了一棟很有味道的老房子，便根據房子的外觀建構出這件作品的整體氛圍。

❶拉開店旁邊的鐵捲門，竟然出現了一條小路！老闆在走這條石板路時，一定會脫下木屐。這是直接接觸自然，放鬆身心的寶貴時光。　❷木屐是用厚塑膠板，石板是用黏土做的。這個部分的靈感來自於日本料理餐廳的入口。

❸店中央的撈金魚的水槽帶有祭典的感覺。外層是火柴盒。將樹脂灌入符合火柴盒大小的模具，然後分三層埋入用樹脂黏土做的金魚。　❹後方也有許多水槽。為了表現水中有藻類的感覺，我在樹脂中混了黃色及綠色，而且每個水槽一一進行些微調整。牆壁及地板最後加了一層水泥。　❺鏤空的天花板上交纏的電線使用的是四種不同顏色，外層包覆塑膠的鐵絲。

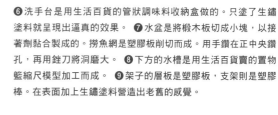

❻洗手台是用生活百貨的管狀調味料收納盒做的。只塗了生鏽塗料就呈現出逼真的效果。 ❼水盆是將椴木板切成小塊，以接著劑黏合製成的。撈魚網是塑膠板削切而成。用手鑽在正中央鑽孔，再用銼刀將洞磨大。 ❽下方的水槽是用生活百貨賣的置物籃縮尺模型加工而成。 ❾架子的層板是塑膠板，支架則是塑膠棒。在表面加上生鏽塗料營造出老舊的感覺。

❿看得到金魚的窗戶為厚5mm的樹脂。金魚則是用壓克力顏料畫上去的。左邊的室外機為椴木板，網狀部分用的是紗窗修補片。實際上這種造型的室外機並不存在，我是刻意在這邊用上自己想像出來的東西。 ⓫「金魚」的招牌是黏合塑膠板做成的，裡面裝了LED燈泡，是真的會發光。 ⓬窗戶為生活百貨賣的PP板。我覺得這種凹凸不平的質感很有昭和時代的味道，於是便拿來用。裡面同樣裝了LED燈泡。

FILE **09**

宅在家專用的
隱藏房間

這是不想外出時專門宅在家裡用的房間，表現出「乾脆待在家裡開心過日子就好」的心情。「宅在家」給人的感覺雖然不是很正面，但我很喜歡待在家裡，真的很自在！背面是一整面的書架，其中一部分做成了門。這個作品主要使用的材料是隨處可見的瓦楞紙，隱藏的主題是想嘗試能將「紙感」消除到什麼地步。因此從側面仔細看的話，可以看出瓦楞紙特有的空洞，或是瓦楞紙因為塗料的水分而彎曲，但我覺得這反而有種韻味。

❶背面是用相框當骨架，以椴木板隔成書架。椴木板不是黏上去的，而是切割之後嵌進凹槽處隔出均等的空間。

❷書架的一部分是暗門。面對書架走過來的話，看不出來這裡有一扇門。　❸仔細看看會發現有些書是放倒的。放在書上面的竟然是整疊的鈔票！看來應該是青蛙的私房錢。　❹每一本書都是手工製作，而且是我自己設計的。這裡的書大概有600本。我當初做了700本左右，一面確認整體的均衡感，一面將書放上書架。

❺ 我很想讓爐子有火光，於是拆解會發光的扭蛋玩具，拿出 LED 燈泡來用。白色的鍋子是喝珍奶用的粗吸管，把手是糖果棍。平底鍋則是塑膠板做的。 ❻ 寶特瓶是用補土做出模具後，以塑膠黏土翻模，然後灌入樹脂做成的。「記得關冰箱門！」的紙條是用來提醒自己的。 ❼ 洋芋片的袋子是先將網路上找到的展開圖列印出來，裡面再黏上鋁箔。 ❽ 牆壁表面塗了灰泥，並掛上名畫裝飾。畫框是用厚紙板做的，點上修補用補土並塗裝。

❾ 電視裡面裝了超小型隨身碟。隨身碟存有我喜歡的電視節目，因此電視可以實際觀看。電視外框及絕大多數的家具都是用椴木板做的。椴木板柔軟易切割，方便加工，所以我很常用。帶有昭和時代氛圍的海報是電腦輸出的。 ❿ 牆壁是瓦楞紙，塗石粉黏土打底後再上一層灰泥，周圍黏貼綠苔。

具有特殊意義的早期作品
Hanabira 工房的開端

我是在大約三年前開始做縮尺模型的。一開始並不知道要做什麼，只是單純憑藉「想要自己做東西」的想法進行摸索。有一天，我在YouTube上看到了很厲害的縮尺模型作品，心想如果花個十年的話，自己應該也能做出可以拿出來見人的東西，於是便動手嘗試，最終成品便是左邊的這間花店。將這件作品上傳到YouTube後漸漸獲得了迴響，讓我相當開心，產生了動力製作下一件作品。

第一件作品花店有兩面是牆壁。如果是現在，我會自己動手做裡面的植物，但當時用的是人造花。這固然是因為當時的技術沒有現在好，但其實也是覺得自己動手做的難度太高，根本沒有人能做到，所以選擇了輕鬆的做法。或許是這個決定的確起到作用，我從作品獲得的迴響中找到了自己的方向，就這樣製作出第二件作品——鐘錶店。我嘗試將這件作品的每一面都做成窗戶。窗戶、櫃子、花窗玻璃等細微的部分也一一表現出來。

第三件作品我挑戰的是聖代專賣店。正面的牆壁和屋頂是可以打開的。當時我很想做做看縮尺模型食物，於是用樹脂黏土做了聖代出來。聖代的玻璃杯是墊板加工製成的。為了符合聖代的可愛造型，牆壁也塗成明亮的淺藍色。在這件作品之後，我愈來愈用心在製作作品內部的小東西上。從現在來看，雖然這三件早期作品有許多不成熟的地方，卻是我第一次做出了專屬於自己的個人天地。這些作品是我想要永遠珍惜的寶物。

| PART 2 |

與自然共存的
情景模型
及縮尺模型

似乎在哪看過的田間小路，或是兒時迷路走進的街道巷弄、
曾經存在於幻想中的冒險世界……
情景模型之中也充滿了 Hanabira 工房的迷人之處。

FILE 01

糖果棍車站

我想要拍一個以海為背景的作品，於是打造了一座鄉下海邊的無人車站。在此之前我都是在家裡拍攝作品，一直到第十一件作品才興起了去外面拍的念頭。作品的範本是位在四國的下灘車站。這個車站是許多電影、電視劇、廣告、動畫等的外景地，因此十分有名。電車在眼前駛過，後方便是大海的景色令人著迷不已。希望我多少有重現出這幅風景。

❶藍色長凳在現實中是塑膠的，不過在這個作品裡是將木材切成小塊黏合起來製作而成。油漆斑駁的部分是在原本的塗裝上再塗上白色及黑色壓克力顏料。　❷柱子底座是用水泥做的。柱子本身則是木製的糖果棍。

❸電線桿是將剪細的鋁箔盤纏繞在吸管上做成的。在厚紙板上黏貼印有站名的紙便做成了站名牌。　❹地面為水泥。水加少一點，就會自然而然龜裂、呈現凹凸不平的感覺。

❺站體的骨架全都是糖果棍。我是一面以錫焊的方式黏著，一面組裝。　❻遮雨棚是用塑膠板做的。我製作這件作品的時期有許多人用塑膠板當材料做東西，我也想挑戰看看自己能到怎樣的程度，因此常用到塑膠板。　❼電線是切細的塑膠板做的。現在回想起來會覺得或許也可以用鐵絲。屋頂的牆壁部分為木材。

❽將許多支細竹條排在一起，鋁箔盤放在細竹條上描出溝槽，看起來就會像金屬浪板屋頂。然後割一條窄的下來疊在屋頂的頂端。輕輕拍上以咖啡色壓克力顏料為主的數種顏色，營造生鏽的感覺。　❾用珍珠板做的專用攜帶盒。表面進行了生鏽加工，讓內外呈現一致的風格。

文明滅亡後的世界

我一開始想做的，是頹圮的城市。後來又有了融入壯闊自然景觀的念頭，於是加上瀑布和森林。接下來我在腦海中不斷想像，最後產生了這個類似浮島的概念。人類全部消滅，這一帶成了動物的樂園，城市在不久後想必就會被瀑布的流水淹沒。為了表現瀑布濺起的水花，我在書本造型的底座中裝了加濕器。

瀑布的水使用了樹脂與造水劑（Water Effects）以表現出水勢。岩層部分上方做得較大，下方較小，藉此營造氣勢。

森林部分前方的樹做得較大，後方做得較小，藉由遠近法讓整體看起來更生動。樹幹是用鐵絲扭成的，然後上色。葉子是綠苔。

PART 2

❶建築物是用厚紙板做的。頂端網狀部分及建築物的
窗戶是將遮蓋膠帶剪成細條，再進行塗裝做出來的，
因此實際上並不像外觀看起來那麼厚。植物並不是綠
苔，而是海綿用果汁機攪過後，再以壓克力顏料著色
製成的。我大概用了三種顏色以增添變化。

❷瀑布的入口。愈往裡面，河流的寬度愈窄，藉
此強調景深。草是將和紙疊起來剪成細條，然後插
進樹脂中硬化，再一點一點埋在樹下做成的。 ❸
從上方俯視可以看到倒落的道路指示牌。 ❹湖水
是先塗淺藍色壓克力顏料，上面蓋一層樹脂後，再
用透明黏著劑表現水面，最後才放上建築物。粉紅
色、藍色、黃色的花是乾燥苔。

❺高塔使用的材料是用毛線編織包包之類的東西時，當成底座用的塑膠網片。裁切之後以焊錫黏起來。　❻這棟大樓是用紙當基底黏合而成，再以遮蓋膠帶做出窗戶。用壓克力顏料著色後，放上海綿做成的植物。

❼加濕器的蒸氣由書本造型底座上的孔洞冒出，藉此製造出水花噴濺的效果。　❽蒸氣設計成從瀑布後方的小孔冒出。　❾岩石的基底是塑膠花盆，上面黏貼木片，營造出粗糙不平的感覺，然後再上一層灰泥以表現岩石的質地。塗裝使用的是壓克力顏料。咖啡色部分塗抹了苦土石灰與蛭石、珪藻土、水混合而成的塗料，做出土的感覺。

小さい・木製

自動販売機

ここ →

000-000000-000

花井工房
10-24

午前の紅茶

KAERU

FILE O3

深夜的
木製自動販賣機

這是在我的YouTube影片裡放在金魚店外的自動販賣機。一般通常會用塑膠板做，但我刻意選擇木材。木材做成的細小部件容易裂開，所以不容易處理，但正是因為這樣，讓我想要挑戰看看。我也刻意不去處理表面粗糙的部分，保留木材原本的質感。為了突顯自動販賣機這個主角，我做出了電線桿及馬路。旁邊的垃圾桶及垃圾袋也是一大重點。

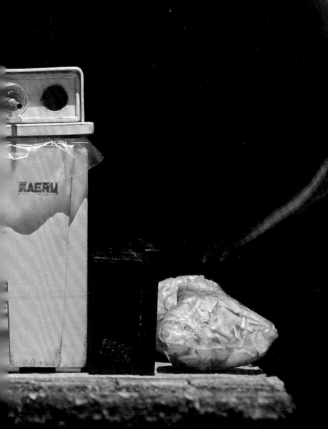

❶水溝蓋是用珍珠板做的。金屬蓋則是在1mm的塑膠棒上用遮蓋膠帶黏貼成網狀。仔細看會發現，下面還有金魚在游泳⋯⋯。 ❷垃圾桶是塑膠板做的，還被塞了一個咖啡店的塑膠杯。塑膠杯是透明墊板製成，吸管則是用1mm的塑膠棒做的。 ❸水溝是在當成底座用的保麗龍磚上挖出來的。馬路則是塗上苦土石灰與打底劑（Gesso）混合成的塗料，並以壓克力顏料塗裝。稍微用銼刀磨過之後，再用水彩顏料表現青苔。

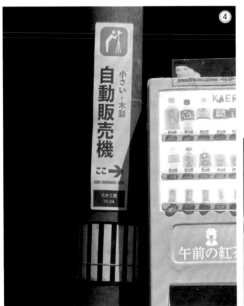

❹電線桿的材料是生活百貨賣的圓棍。上漆之後用銼刀磨去光澤，再以壓克力＆水彩顏料重複上色增添質感。電線桿是插在保麗龍磚底座中固定。 ❺草是將兩種顏色的和紙剪成細條，再以接著劑隨意黏上。

❻自動販賣機下面偷偷
住著一隻用石粉黏土做
的青蛙。蒲公英是剪成
細條的和紙一條一條黏
成的,葉子是以樹脂黏
土製作。

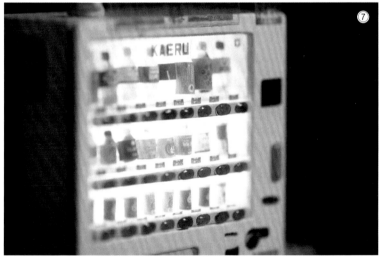

❼果汁是用透明墊板塑形,
倒入已著色的UV樹脂,再纏
繞自己做的標籤。為了讓燈
光照射均勻,後方背板使用
的是能分散光線、具有厚度
的白色塑膠板。按鈕是樹脂
做的。 ❽裝在自動販賣機裡
的LED燈可以用遙控器調整
四種亮度。 ❾背面張貼了可
疑的海報。金屬網是紗窗修
補片塗裝而成。上面的四方
形物體是LED燈。

FILE **04**

畫中的
神祕之門

掛在牆壁上的畫裡面，有一扇裝飾華美的門。但靠近仔細
一瞧才發現，這是一扇通往異世界小巷的門。這條小巷的
下方，有一條更小的小巷，等於一件作品中存在三個世
界。這件作品我曾經反覆設計、畫草稿許多次，但始終對
於做出來的東西不滿意。於是我心想，那乾脆先動手做再
說，便一面摸索一面製作，最後終於做出了現在這件作品。

PART 2

❶用椴木條圍住Ａ４大小的海報框，在這個範圍內做出異世界。中央有草的部分是入口的門。遍布各處的管線是吸管做的。 ❷正面的牆壁是壁紙。插座蓋板裡面還有一扇用塑膠板做的門。

❸招牌裡面裝了LED燈泡。招牌大小是參考火柴盒的尺寸用厚紙板做的。只有朝外的這一面是普通紙張，剛好可以透光。 ❹排風口只是單純黏上網狀的砂紙而已。重點在於上下兩個排風口設計成不同形狀。

❺貼上灰色砂紙做成的馬路下方,是小人居住的世界。馬路上的「停」字不是為了表示幽默,其實只是我搞錯了……但幸好反而營造出異次元的感覺。 ❻門上方的屋頂,是將金色圖畫紙放在排成一排的竹籤上描出紋路,加工成類似浪板的樣子,墊在下面的則是花盆底網。 ❼小人居住的世界以木材做成的房屋與乾燥花打造出童話風。

FILE **05**

森林中的廢棄巴士

連續三個月製作了早期三件袖珍屋作品（參閱 P.42）後，我想要換個心情，於是轉而挑戰情景模型。當時做出來的作品，是生活百貨買來的玩具改造而成的廢棄巴士。底座是相框。這也是我第一次製作樹木。樹幹及樹枝是鐵絲做的，然後用接著劑黏上削鉛筆屑，表現樹皮的紋理，並一層層黏貼增加厚度。從樹上脫落的鞦韆讓人感覺到年歲久遠。這件作品意外受到好評，成了我日後製作更多情景模型的契機。

BEFORE

❶黃色巴士進行塗裝，以呈現老舊的感覺。從窗戶看進去可以看到裡面有植物。我是將巴士拆開，放進綠苔。 ❷拆下巴士的輪胎，以舊化展色劑塗裝。縫隙處刻意多放些綠苔。

❸把真正的垃圾袋剪小，裡面塞進小片的垃圾。可燃垃圾與不可燃垃圾有確實分類。 ❹底座鋪上了紙黏土，著色為咖啡色，並放上美甲、裝飾用的樹脂糖粉，看起來就像泥土。紅色小箭頭標示出了螞蟻的巢穴，仔細看的話會發現螞蟻的蹤跡。 ❺告示牌是木材做的，上面黏貼列印出來的警告文字，並用舊化展色劑做出歲月感。

| PART 3 |
適合初學者製作的
情景模型與袖珍屋

這一章將透過P.30～33介紹過的「藏在書本裡的袖珍屋」等
三件作品，講解如何製作縮尺模型。
製作所需的材料全都可以在生活百貨買到。

常用到的工具

這些製作縮尺模型時會用到的工具，是我精心挑選出來的。剪刀、美工刀、尺之類的文具用家裡現有的就行。接著劑及顏料則建議添購好用的。

自動筆

我平時都用0.5mm的筆心，想要精準測量的時候會用0.3mm的。尾端橡皮擦的蓋子有時會當做瓶子等的模具。

鋼尺

用美工刀切割東西時抵著鋼尺會更好割。用塑膠尺的話會削到尺，無法割得漂亮。

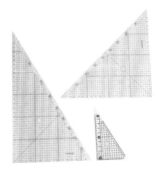

三角板

量直角時用三角板會比較方便。建議準備幾個不同大小的三角板。

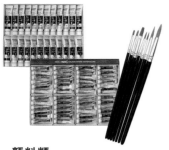

顏料類

想要定色的話就用壓克力顏料。樹脂黏土使用水彩顏料上色可以呈現透明感。

接著劑類

建議根據用途及材料使用不同接著劑。我最常用的是乾得快的木工用接著劑「速乾Aqulear」。

膠帶類

雙面膠帶我會準備10mm與5mm兩種。遮蓋膠帶除了用於暫時固定，也會當作材料使用。

剪刀

我有剪紙用與剪塑膠板用的兩種。前端為彎曲狀的剪刀在表現曲線時很好用。

美工刀與筆刀

割直線時我會用美工刀。割細微的地方或修整形狀時則用筆刀。

切割墊

在大片的切割墊上進行作業，物品就不容易四散各處。小片的切割墊適合在切割遮蓋膠帶時使用。

便利省事的工具

這裡要介紹的是就算沒有也能用其他物品代替，但有的話更好的工具。這些工具不僅能讓你在製作縮尺模型時更輕鬆，最終成品的品質肯定也會更好！

鑷子
進行細微作業時必備。我在配置部件時會用前端彎曲的款式，接著時使用前端直的款式。

模板尺
製作盤子之類的小東西的模具時會用到。用這個畫正方形比用尺畫輕鬆多了。

砂紙
除了一般砂紙外，建議根據用途準備耐水砂紙、海綿砂紙等數種不同的砂紙。

油性麥克筆＆極細筆
細微部分我會用畫筆沾麥克筆的墨水來塗。由於都用完就丟了，因此用塗指甲油用的毛刷筆也OK！

WEATHERING MASTER
TAMIYA的塑膠模型用塗裝材料。可以用來表現生鏽、鐵、烘焙糕點的焦色、家具的日曬痕跡等色彩。

UV燈
用於使樹脂硬化。用UV燈硬化樹脂表面後，再放到曬得到太陽的地方，讓內部也硬化。

拆線器
這原本是手工藝用的工具，我則用來在保麗龍或珍珠板等材料上刻出溝槽或花紋。

萬用黏土膠
塗裝細小物品時，我會用這個暫時固定，做成握把。在作品裡配置家具時也很好用。

玻璃方塊
接著木材或塑膠板時，我會用來固定直角。也可以當成加壓用的重物或細小物品的工作檯。

※這些只是作者自己愛用的工具，讀者不必全都要用一樣的。

藏在書本裡的袖珍屋（書房）

小人將住處偽裝成一本書，隱藏在書架上。而這位小人最喜歡的地方則是書房。這件作品如果自己一個人從零做起並不容易，因此我準備了紙樣，讓有興趣的人可以輕鬆嘗試。紙樣如果輸出在光滑的紙張上會產生光澤，輸出在粗糙的紙張上則會呈現獨特的泛白感，更顯得有韻味。從外層到書桌、椅子等小東西全都是用牛皮紙板做的。

BOX (BACK SIDE)

INSIDE

材 料

牛皮紙板（淺棕） …1片
牛皮紙板（A4尺寸約297
×210mm，3片裝）／DAISO

牛皮紙板（棕） …1片
巧克力色牛皮紙板（A4尺寸
約297×210mm，3片裝）／DAISO

牛皮紙板（黑） …2片
黑色牛皮紙板（A4尺寸約297×
210mm，4片裝）／DAISO

書本外盒、封面，以及
書架上書本的書背皆提
供紙樣下載輸出。

下載紙樣

※外部連結內容有變更或移除的可能。
※外部連結所衍生之問題本社概不負責。

製作外盒與封面　　製作時間：約1～2小時

1

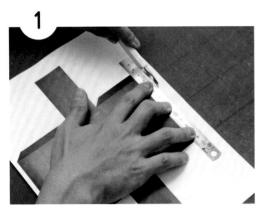

下載紙樣並輸出到影印紙等紙張上，割掉多餘部分。

POINT 放在切割墊上，美工刀抵著鋼尺割就能割得漂亮。

2

外盒的紙樣割好後的狀態。記得要連黏貼處一起割下來。

3

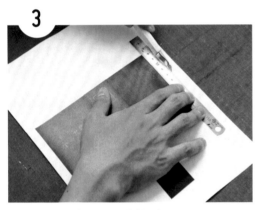

依相同方式割掉封面周圍多餘的部分。

4

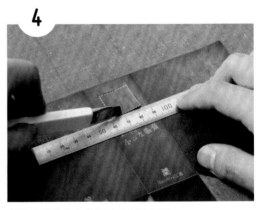

割掉封面書背上虛線圍成的正方形。

POINT 刀抵著鋼尺沿虛線的外側割，才不會留下線的痕跡。

5

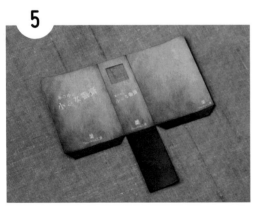

封面的紙樣割好後的狀態。步驟④割掉的部分便是窗口。

6

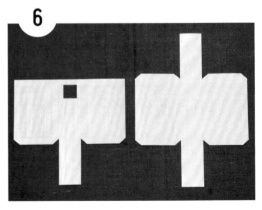

在②與⑤的背面貼上雙面膠帶。

POINT 貼膠帶時邊緣不要留下空隙，中間的部分可以有間隔。

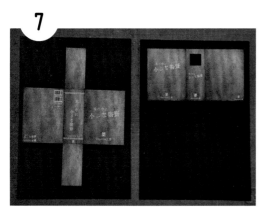

撕掉雙面膠帶的離型紙，黏貼於黑色牛皮紙板。

外盒與封面都要割掉牛皮紙板多餘的部分。

POINT 割下來的牛皮紙板可以用來製作書架及書本的書背，先不要丟掉。

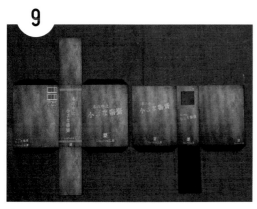

割去多餘部分後的狀態。

POINT 封面的窗口部分也要割掉。

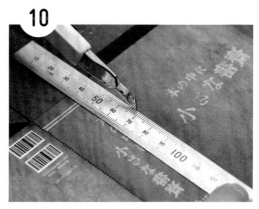

鋼尺對齊折線處，用美工刀輕輕劃過，製造出折痕。外盒、封面全都要做出折痕。

POINT 可以用另一張牛皮紙板練習如何劃出折痕，學會控制力道。

沿步驟⑩做出的折痕將外盒及封面折成立體狀。

POINT 如果不好折的話，可以重複劃過相同部位，加深折痕。

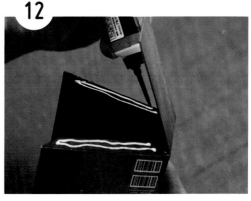

在黏貼處塗上木工用接著劑。

POINT 我推薦的木工用接著劑是可以馬上黏貼、黏著力強的「速乾Aqulear」。

13

黏好之後黏貼面朝下，由上方加壓1～2分鐘以確實黏牢。

14

另一邊同樣塗上接著劑黏貼。

15

完成外盒！

16

封面同樣以接著劑黏貼組裝。

> **POINT** 邊緣處如果會翹起來，可以用牙籤取少量接著劑塗抹於邊緣，再按壓黏牢。

17

泛白的折痕部分輕輕拍上WEATHERING MASTER進行髒汙加工。

> **POINT** 也可以使用生活百貨賣的粉彩顏料或眼影等。

18

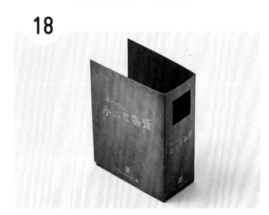

完成封面！

書架、地板、窗框的部件範本

以下提供製作書架、地板、窗框時所需部件的範本。請依各部件記載的尺寸切割，並準備好必要的數量。

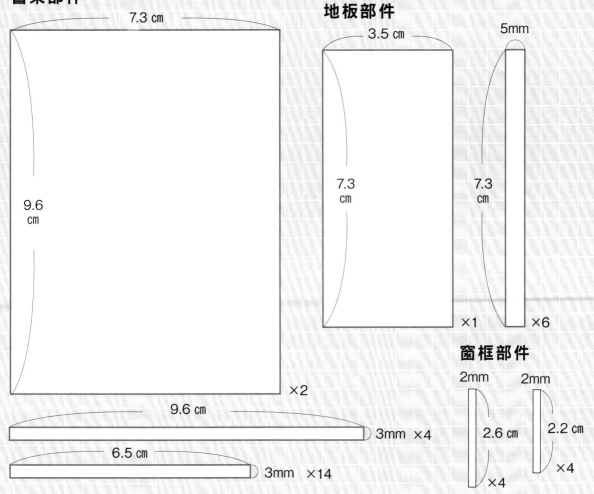

書架部件

7.3 cm

9.6 cm

×2

9.6 cm — 3mm ×4

6.5 cm — 3mm ×14

地板部件

3.5 cm

7.3 cm

×1

5mm

7.3 cm

×6

窗框部件

2mm

2.6 cm

×4

2mm

2.2 cm

×4

製作書架與地板　　製作時間：書架 約2小時，地板 約30分鐘

1

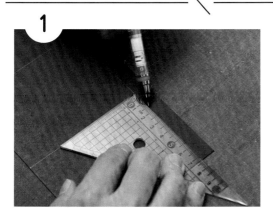

用自動筆在黑色牛皮紙板上做長9.6cm×寬7.3cm的記號。

POINT 建議使用三角板，這樣就不用擔心畫出來的線歪掉。

2

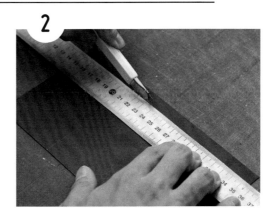

以美工刀抵住鋼尺切割。

3

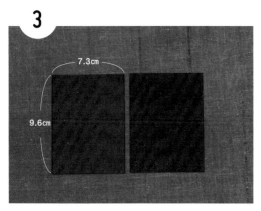

以相同方式再割出一塊牛皮紙板，合計共兩塊。

4

淺棕色牛皮紙板預留約三分之一，其餘的三分之二裁切成適當大小，使用雙面膠帶貼合為四層。

5

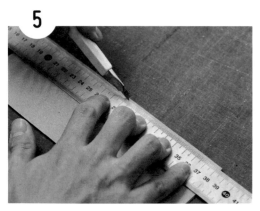

使用美工刀從④割下兩條部件A（長3㎜×寬9.6㎝）、七條部件B（長3㎜×寬6.5㎝）。

POINT 牛皮紙板疊起來黏貼時邊緣處若是不整齊，可以用美工刀切掉不整齊處。

6

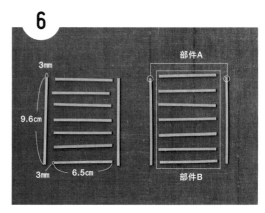

重複步驟⑤，做出兩套相同的部件。

POINT 想像自己在搭書架便不難理解這個步驟。

7

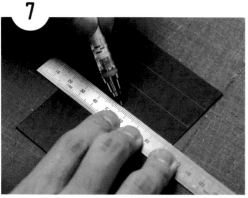

用自動筆在③由上往下以1.5㎝為間隔畫5條指示線。

8

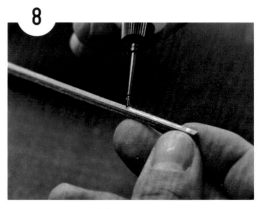

部件A塗上木工用接著劑。

POINT 接著劑如果是細瓶口的話便不難塗。若瓶口較粗，可以先將接著劑擠到多餘的紙張上，再用牙籤塗抹。

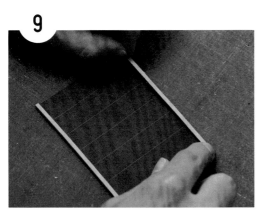

將部件A黏貼於⑦的兩端。

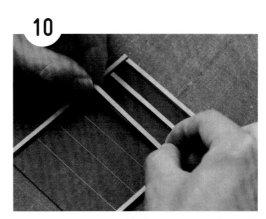

部件B同樣塗上木工用接著劑，對準步驟⑦畫的指示線黏貼。

部件B全部黏貼之後的狀態。另一張也以相同方式製作。

POINT 最下層的空間比其他層大也沒關係。

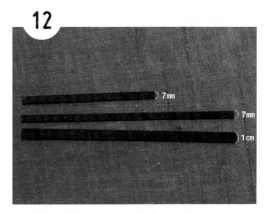

將黑色牛皮紙板裁切成適當大小，並以雙面膠帶貼合為兩層。然後割下2～3條寬1cm與7mm的牛皮紙板條。

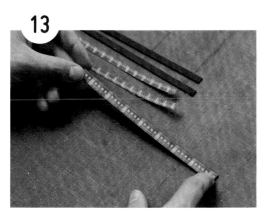

從列印出來的紙樣割下當作書背用的部件，用雙面膠帶等黏貼於⑫。

用美工刀切割出自己想要的數量。

POINT 可以一次切割好幾本。建議以不規則的方式切割大本和小本的書。

15

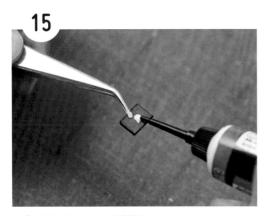

在⑭的背面塗上木工用接著劑。

POINT 由於是很小的部件，建議用鑷子夾著作業。

16

黏貼於⑪。

POINT 黏貼前先將小本與大本的書隨意擺放上去，確認整體的均衡感。

17

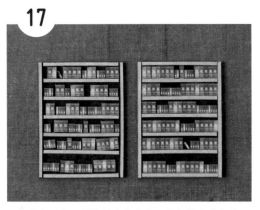

兩個書架的每一層都放上書本後，書架就大功告成！

POINT 有些地方留點空隙，或是把書本放成斜的會更逼真。

18

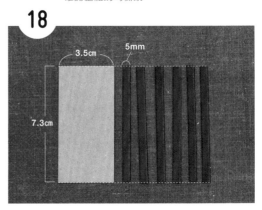

3.5cm

5mm

7.3cm

切割出一片長7.3cm×寬3.5cm的淺棕色牛皮紙板，及六片長7.3cm×寬5mm的棕色牛皮紙板。

19

將5mm寬的雙面膠帶黏貼於淺棕色牛皮紙板。

POINT 想像木地板的樣子，黏貼時稍微留一點空隙。

20

撕掉雙面膠帶的離型紙，貼上六片棕色牛皮紙板，地板便完成了！

組裝　製作時間：約10分鐘

1

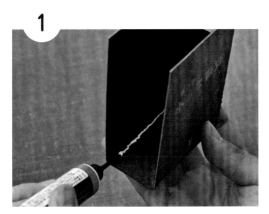

封面的底面邊角處塗上木工用接著劑。

2

插入地板黏貼。

3

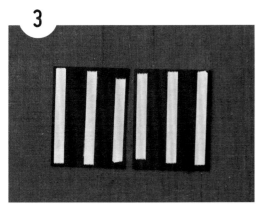

書架背面黏貼1cm寬的雙面膠帶。

POINT 膠帶貼三道左右即可。

4

撕掉雙面膠帶的離型紙，將書架黏貼於封面內側的左右兩面。

POINT 從上方插入會比較容易黏貼。

5

分別切割四條長2mm×寬2.6mm及長2mm×寬2.2mm的淺棕色牛皮紙板，然後各取兩條，以木工用接著劑黏貼於外側窗口周圍。

6

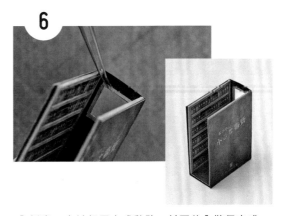

內側窗口也以相同方式黏貼，封面的內裝便完成了！

POINT 長的兩條黏貼於上下，短的兩條黏貼於左右。

以下提供製作椅子、書桌時所需部件的範本。請依各部件記載的尺寸切割，並準備好必要的數量。

椅子部件（椅背）

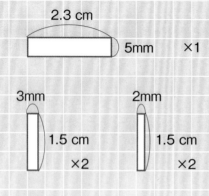

2.3 cm
5mm ×1

3mm
1.5 cm ×2

2mm
1.5 cm ×2

椅子部件（椅面、椅腳）

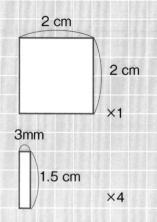

2 cm
2 cm ×1

3mm
1.5 cm ×4

書桌部件（桌面、抽屜）

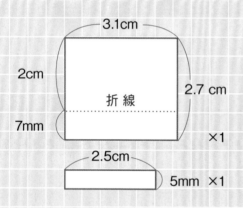

3.1cm
2cm
折 線
7mm
2.7 cm ×1

2.5cm
5mm ×1

書桌部件（桌腳）

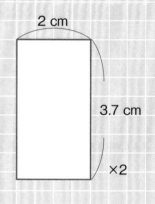

2 cm
3.7 cm ×2

製作椅子與書桌　　製作時間：約1～2小時

1

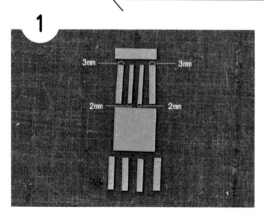

準備製作椅子所需的部件。用雙面膠帶貼合兩片淺棕色牛皮紙板，依上圖標示的尺寸切割出必要的數量。

2

使用木工用接著劑將四支椅腳部件黏貼於椅面部件的背面。

POINT 先用萬用黏土膠暫時固定，並靠著玻璃方塊黏貼，椅腳就會筆直。
（遮蓋膠帶是為了方便去除暫時固定用的黏著劑而貼的）

3

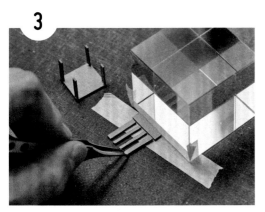

依相同方式使用木工用接著劑黏貼椅背部件。

4

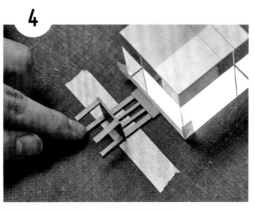

在③的尾端塗上木工用接著劑黏貼②。

POINT 黏貼時抵住玻璃方塊施力，並注意不要造成部件彎曲。

5

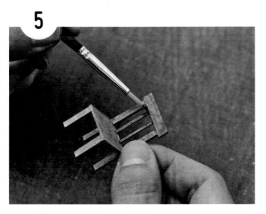

木工用接著劑乾燥後，用畫筆沾取壓克力顏料輕輕拍打上色。

POINT 用棕色或黃土色營造出年代久遠的感覺。

6

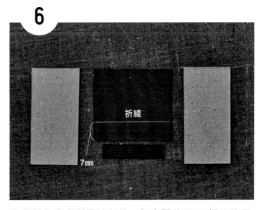

折線

7mm

準備製作書桌所需的部件。如上圖依 P.76 標示的尺寸切割棕色與淺棕色牛皮紙板。

POINT 用美工刀依指示的位置在桌面部件稍微做出折線。

7

使用木工用接著劑將抽屜部件黏貼於桌面部件的折線下方。

8

沿折線折彎桌面部件，並使用木工用接著劑黏貼桌腳部件。另一邊的桌腳也以相同方式黏貼。

9

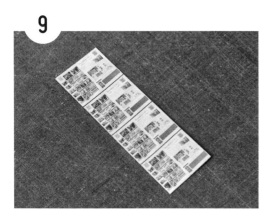

割出雜誌的紙模型（P.125）。

10

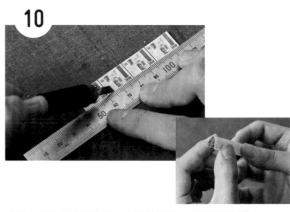

用美工刀的刀背劃過正中央製造折線，然後輕輕折出折痕。

11

將每組對頁割開。

POINT 四組對頁一起折出折痕比較省時間也比較整齊。

12

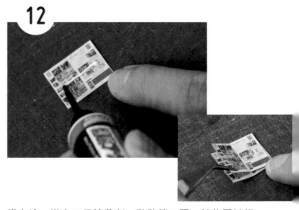

橫向塗一道木工用接著劑，黏貼第二張，然後再以相同方式貼上第三張。

13

沿著中央縱向塗上木工用接著劑。

14

黏貼最後一張時讓紙張稍微呈現被翻動過的感覺。

15

背面塗上木工用接著劑，斜的黏貼於書桌上。

POINT 如果希望桌上之後能換成別的東西，也可以用萬用黏土膠或雙面膠帶暫時固定就好。

16

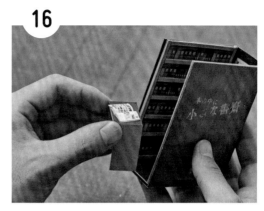

將書桌塞進封面內。

POINT 不需要黏貼，塞進去就好。

17

將椅子放在書桌前。

POINT 建議使用鑷子擺放。椅子放成斜的看起來會更生動自然。

完成！

用1000日圓做出巷弄的一隅

製作時間
利用
空檔時間
約3天

這件情景模型作品是看起來稍微有些破敗，由水泥磚牆與柏油路所構成的巷弄一隅。底座使用的是生活百貨賣的收藏盒，在這上面打造出虛擬的世界。製作上用到的都是珍珠板、粗吸管等日常生活中常見的材料。另外也使用了打底劑（Gesso）與苦土石灰混合成的塗料表現地面及磚牆的質感。或許你沒聽過這些材料，但其實生活百貨都買得到。

FRONT

TOP

材 料

珍珠板（2mm厚，白）…1片
5色珍珠板（尺寸約300×450
厚2mm）／DAISO

收藏盒…1個
迷你收藏盒、底座
（尺寸約16×8×10cm）／DAISO

海綿砂紙
海綿砂紙（細）／DAISO

Gesso打底劑
Gesso打底劑
（100㎖，白）／DAISO

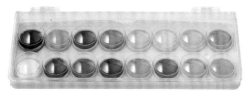

固體顏料（水彩顏料亦可）
彩色顏料（16色）／DAISO

樹脂（透明）
UV手工藝樹脂液
（硬，5g）／DAISO

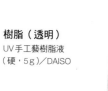

珍奶用粗吸管…1根

提升視覺效果使用

苦土石灰
苦土石灰600g／DAISO

水泥磚牆、地面部件＆著色範例

以下提供製作水泥磚牆與地面時所需部件的範本。請依各部件記載的尺寸切割，並準備好必要的數量。著色時可以參考下方圖畫當範本。

水泥磚牆部件（壓頂）

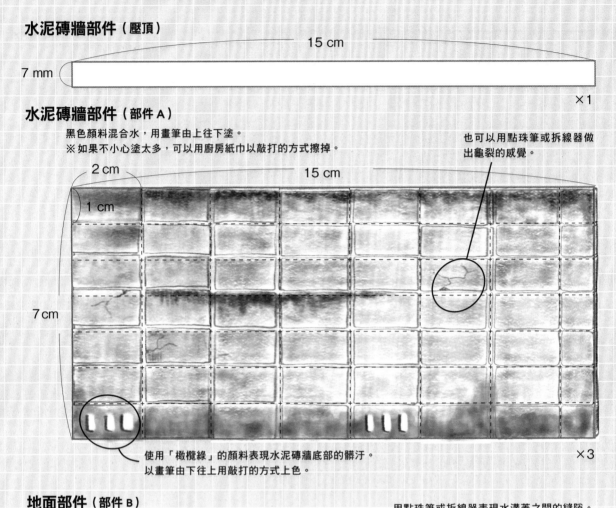

15 cm

7 mm

×1

水泥磚牆部件（部件 A）

黑色顏料混合水，用畫筆由上往下塗。
※如果不小心塗太多，可以用廚房紙巾以敲打的方式擦掉。

也可以用點珠筆或拆線器做出龜裂的感覺。

2 cm

15 cm

1 cm

7 cm

使用「橄欖綠」的顏料表現水泥磚牆底部的髒汙。
以畫筆由下往上用敲打的方式上色。

×3

地面部件（部件 B）

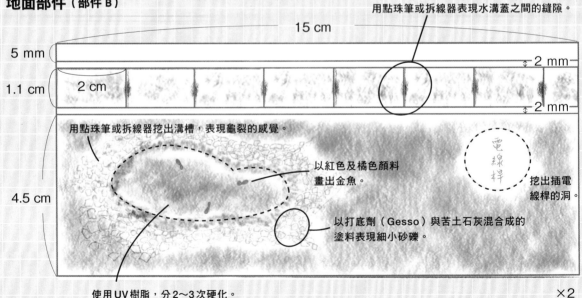

用點珠筆或拆線器表現水溝蓋之間的縫隙。

15 cm

5 mm

2 mm

1.1 cm

2 cm

2 mm

用點珠筆或拆線器挖出溝槽，表現龜裂的感覺。

以紅色及橘色顏料畫出金魚。

電線桿

挖出插電線桿的洞。

4.5 cm

以打底劑（Gesso）與苦土石灰混合成的塗料表現細小砂礫。

使用UV樹脂，分2～3次硬化。

×2

製作水泥磚牆與地面　製作時間：約1～2小時

1

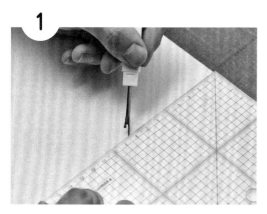

依P.82的尺寸用拆線器在珍珠板上做記號，並用自動筆或原子筆畫指示線。

2

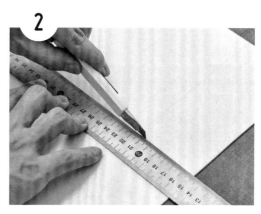

鋼尺對齊指示線，用美工刀切割。

POINT 不需要試圖一次割好，用美工刀重複劃數次割開來即可。

3

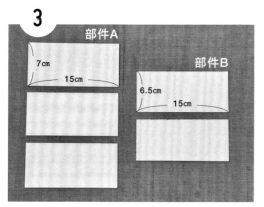

部件A

7cm
15cm

部件B

6.5cm
15cm

做出三片部件A（長7cm×寬15cm）、兩片部件B（長6.5cm×寬15cm）。

POINT 收藏盒的尺寸如果不一樣，以長寬－2cm、高－3cm為基準，切割成放得進盒子的大小。

4

在兩片部件A上黏貼雙面膠帶。

POINT 留一點間隔，貼3～4道即可。

5

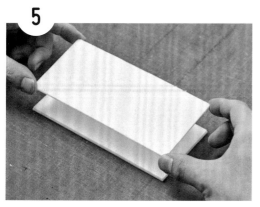

撕去雙面膠帶的離型紙，貼合三片部件A。

6

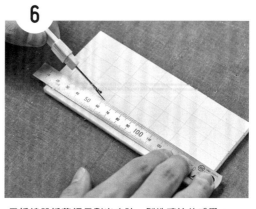

用拆線器抵著鋼尺劃出痕跡，製造磚塊的感覺。

POINT 可以參考P.82劃成格子狀，每格約高1cm×寬2cm。

7

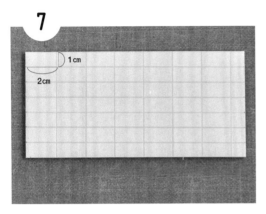

劃好磚塊痕跡的狀態。右邊的格子比較短也沒關係。

8

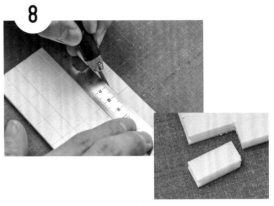

用筆刀切下最下排左端以及左起第五格。

POINT 切下來的部分之後還會用到,因此要盡量切整齊。

9

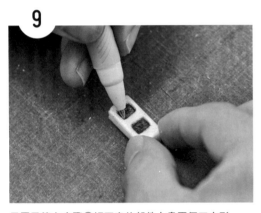

用原子筆在步驟⑧切下來的部件上畫兩個四方形。

POINT 用點力多畫幾次,一面著色一面使該部分凹陷。

10

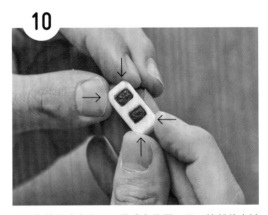

用手指按壓邊角部分,將邊角修圓。另一塊部件也以相同方式加工。

POINT 這樣可使部件產生立體感,看起來更逼真。

11

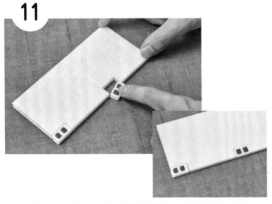

在⑩的側面貼上5mm寬的雙面膠帶,黏回原本的位置。

12

從剩餘的珍珠板上切割出長7mm×寬15cm的部件。

13

於⑫貼上5mm寬的雙面膠帶，黏貼於⑪的頂端。

14

參考P.82，用拆線器在部件B上描繪地面。

POINT 水窪可以自由畫成喜歡的形狀。畫出龜裂的痕跡會更為逼真。

15

挖去水窪的內側部分。

POINT 切割細微部分時建議使用筆刀。

16

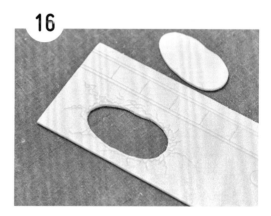

挖空後的狀態。沒割好的部分可以用砂紙等加以修飾。

17

將粗吸管戳在右側立電線桿的位置。

18

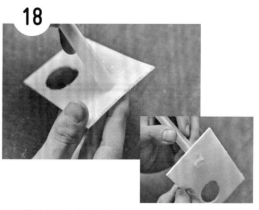

戳穿透珍珠板，開一個洞。

POINT 這時候使用的粗吸管在之後會加工為電線桿。

19

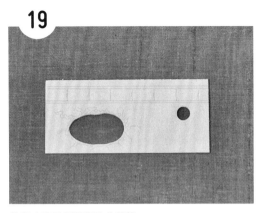

挖出水窪與電線桿孔的狀態。

POINT 位置及大小和範例稍有不同也沒關係。

20

在⑲的背面黏貼雙面膠帶。

POINT 邊緣部分不要留下空隙，中央可以保留些許空隙，只要黏好後夠密合即可。

21

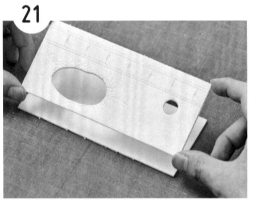

撕掉雙面膠帶的離型紙，與另一片部件B貼合。

塗上打底劑　製作時間：約30分鐘

1

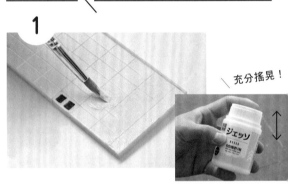

充分搖晃！

水泥磚牆部件塗上薄薄一層打底劑（Gesso）。用畫筆沾取，以輕輕敲打般的方式塗抹。

POINT 用萬用黏土膠將牆壁部件固定於L型資料夾，一面轉動資料夾一面塗抹會更好作業。

2

畫了兩個四方形的水泥磚也一樣塗上打底劑。塗完後放置10～20分鐘乾燥。

POINT 雖然原子筆的墨水會透出來，但不需在意，還是可以塗上去。

3

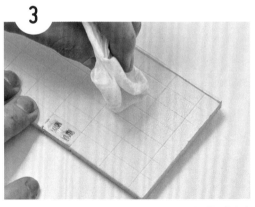

整個部件再塗一次打底劑。塗完以後用廚房紙巾輕輕按壓，營造牆面的粗糙感。

4

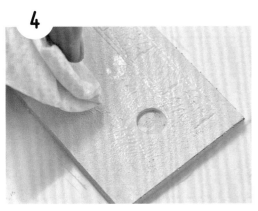

地面部件同樣塗兩次打底劑。

5

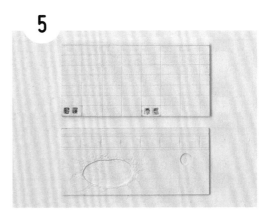

水泥磚牆與地面部件塗完打底劑的狀態,呈現出粗糙的質感。

UP

①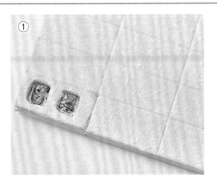

❶後來重新黏上的水泥磚牆部件。邊角經過手指按壓,修得較為圓潤,因此看起來更加立體。

②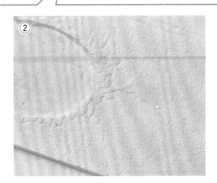

❷水窪周圍的裂痕也因為增添了打底劑的質感而更顯逼真。

水泥磚牆與地面上色   製作時間:約30分鐘~1小時

1

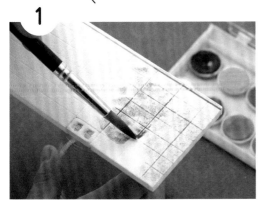

畫筆多沾一些水,以調得較稀的黑色固體顏料替水泥磚牆上色。

POINT　以用畫筆敲打般的方式將顏料抹開。可以故意塗得深淺不一,避免顏色太均勻。

2

側面也用相同方式上色。

POINT　可以用遮蓋膠帶等將部件暫時固定於塑膠杯的杯底,把塑膠杯當作把手進行作業。

3

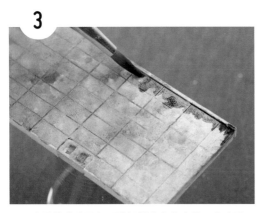

用比步驟①濃的黑色固體顏料畫出上方的雨水痕跡、溝槽、細微處的髒汙等。

4

以廚房紙巾輕輕靠在表面，吸去多餘水分。

POINT 若覺得顏料塗太多了，也可以用廚房紙巾吸掉再重新上色。

5

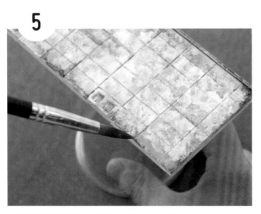

沾取調得較濃的橄欖色固體顏料，塗在水泥磚牆的下緣。

6

塗抹於水泥牆的縫隙、邊角等想要加上髒汙的部分。

POINT 與黑色一樣，一面用廚房紙巾吸去多餘水分，一面讓色彩滲進部件。

7

以調得較濃的黑色固體顏料為地面上色。水窪與電線桿的部分留著不要塗。

POINT 和水泥磚牆上色時一樣，以用畫筆敲打般的方式將顏料抹開。如果上色上得太深了，就用廚房紙巾使色彩暈開。

8

水溝蓋部分以調得較稀的黑色固體顏料上色。

POINT 水溝蓋的顏色可以上得較深，或故意上得深淺不一。

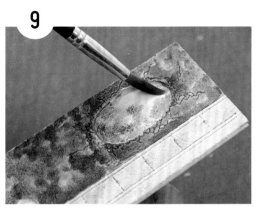

以調得較濃的棕色固體顏料塗抹於水窪部分。

POINT 畫筆不要沾太多水，混合棕色、深棕色、
黑色等顏料塗抹會更逼真！

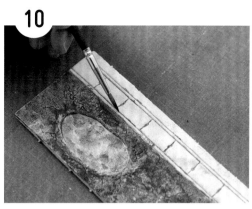

以細畫筆沾取調得較濃的黑色固體顏料畫出水溝蓋間
的縫隙。

POINT 用像是要填滿縫隙的感覺上色。

再上色一次並等顏料乾了之後，用海綿砂紙（＃1000）
輕輕摩擦地面。

POINT 多加這一道工，能夠表現出柏油路面的粗糙
感。

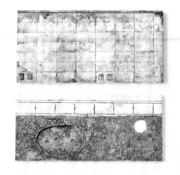

水泥磚牆與地面上完色的狀態。用心營造出色彩自然
呈現深淺不一的效果，看起來就會很逼真。

製作電線桿　製作時間：約30分鐘

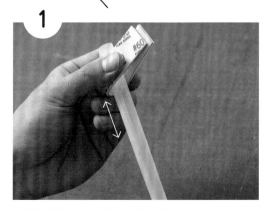

用海綿砂紙（＃600）打磨粗吸管。

POINT 在吸管表面留下磨痕，打底劑及顏料才容易
咬住。

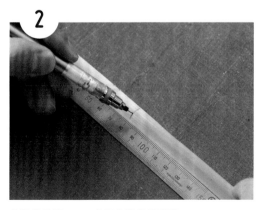

在距離尾端8.2cm處用自動筆做記號。

3

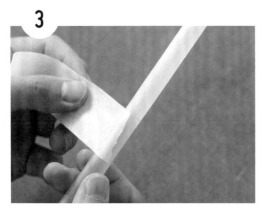

在步驟②做的記號下方黏貼遮蓋膠帶。

POINT 貼遮蓋膠帶的目的是避免顏色超出範圍，因此最好用寬的。

4

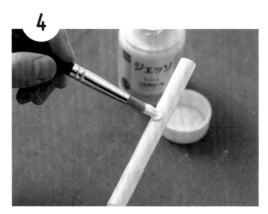

吸管塗上打底劑。乾了之後再塗一次。

5

畫筆稍微沾水，用調得較濃的黑色固體顏料上色。

POINT 畫筆要由下往上塗。

6

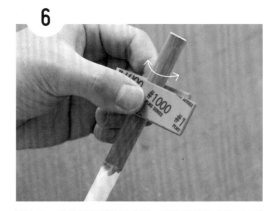

再上色一次並等顏料乾了之後，用海綿砂紙（＃1000）輕輕摩擦表面。

POINT 為了磨掉畫筆縱向上色留下的筆觸，要左右移動砂紙打磨。

7

撕掉遮蓋膠帶，切斷吸管。

POINT 為避免吸管破損，建議吸管裡插一支筆之類的物品。

8

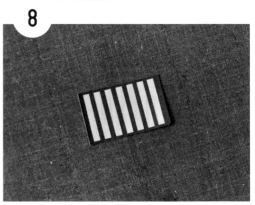

剪下電線桿標識板的紙模型（P.125）。

9

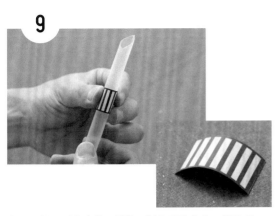

上下兩側分別黏貼雙面膠帶,以免不夠密合。捲住吸管以製造出彎度。

10

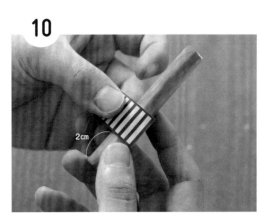

2cm

撕掉雙面膠帶的離型紙,黏貼於距離底部約2cm的位置。

做出水窪　　製作時間:約15分鐘

1

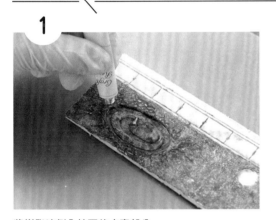

將樹脂液倒入地面的水窪部分。

2

用牙籤將樹脂抹均勻。

3

照射UV燈約1~2分鐘,使表面硬化。

> **POINT**　沒有UV燈的話,也可以用曬太陽約10分鐘的方式硬化。用牙籤碰一碰,確認是否變硬了。

4

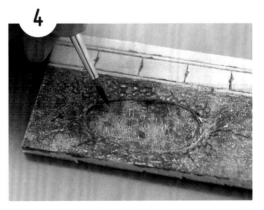

混合紅色與黑色的固體顏料,調出帶暗沉感的紅色。用畫筆沾取顏料在樹脂上畫出金魚。

> **POINT**　確認整體的均衡感,畫三隻左右即可。

5

以細畫筆沾取少許樹脂，用敲打般的方式在水窪製造出漣漪，然後照射UV燈硬化。

POINT 重複相同作業2～3次，做出自己喜歡的水面效果。

1

剪下金魚祭典海報的紙模型（P.125），並將邊角捲出彎度。

2

海報背面貼上5mm寬的雙面膠帶，黏貼於水泥磚牆。

POINT 如果想表現翻起來的感覺，也可以只黏上半部。

3

地面的背面貼上雙面膠帶，黏貼於收藏盒的底座。

4

水泥磚牆的底面貼上5mm寬的雙面膠帶，黏貼於地面。

5

將電線桿插進洞裡。

提升視覺效果

於底座塗上打底劑　　製作時間：約45分鐘

1

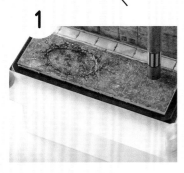

收藏盒的邊緣貼上遮蓋膠帶。

POINT 為了避免沾到塗料，前緣與兩側這三處要貼上遮蓋膠帶保護。

2

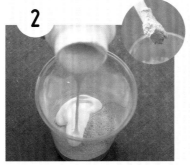

以1：1的比例混合苦土石灰與打底劑（Gesso）。

POINT 確實混合均勻，呈現感覺帶有黏性的硬度。

3

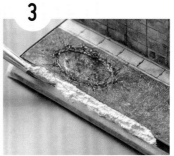

用塗料填滿地面與收藏盒底座間的高低差，塗抹時要塗成斜坡狀。

POINT 一次用畫筆沾一點，用輕輕拍打的方式塗上。

4

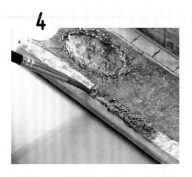

塗料乾了以後畫筆沾少許水，以調得較濃的黑色固體顏料上色。

5

放在通風處乾燥。

POINT 放至曬得到太陽的窗邊可以讓樹脂也確實硬化。

6

蓋上收藏盒的蓋子。

POINT 蓋子蓋不下的話，用美工刀或砂紙修邊。

完成！

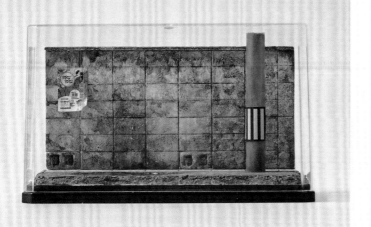

完全就是小時候曾經迷路過的不知名小巷！

初學者也做得出來的袖珍屋

製作時間
利用
空檔時間
約 1 週

　　這件袖珍屋作品看起來就像才剛蓋好，乾淨整齊的獨棟新屋。使用的材料是牛皮紙板及壁紙修補片、牙籤等，全都能在生活百貨買到。為了讓初學者能夠輕鬆無壓力地嘗試，整體的風格較為簡約。作品並沒有緊緊固定在底座上，因此只要動手改變一下顏色或樣式，就能展現不一樣的風格。想進一步提升技術的話，可以試著製作 P123～介紹的小東西。

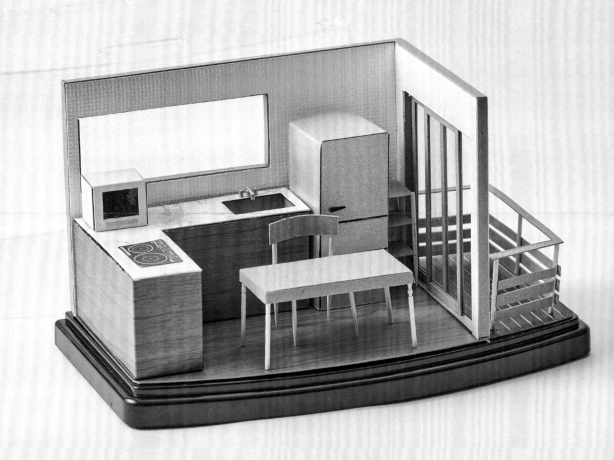

SIDE

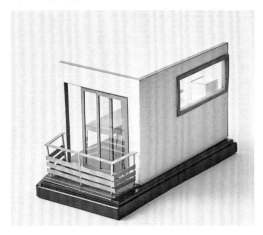

TOP

/// step.1 製作家具 ///

◤ 材 料 ◢

牛皮紙板（棕） …1片
巧克力色牛皮紙板（A4尺寸約
297×210mm，3片裝）／DAISO

牛皮紙板（淺棕） …1片
牛皮紙板（A4尺寸約297×210
mm，3片裝）／DAISO

牛皮紙板（黑） …1片
黑色牛皮紙板（A4尺寸約297×
210mm，4片裝）／DAISO

彩色圖畫紙（銀） …1張
彩色圖畫紙 銀色（B4尺寸約363×257mm，
3張裝）／DAISO

牙籤…12～15支

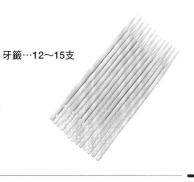

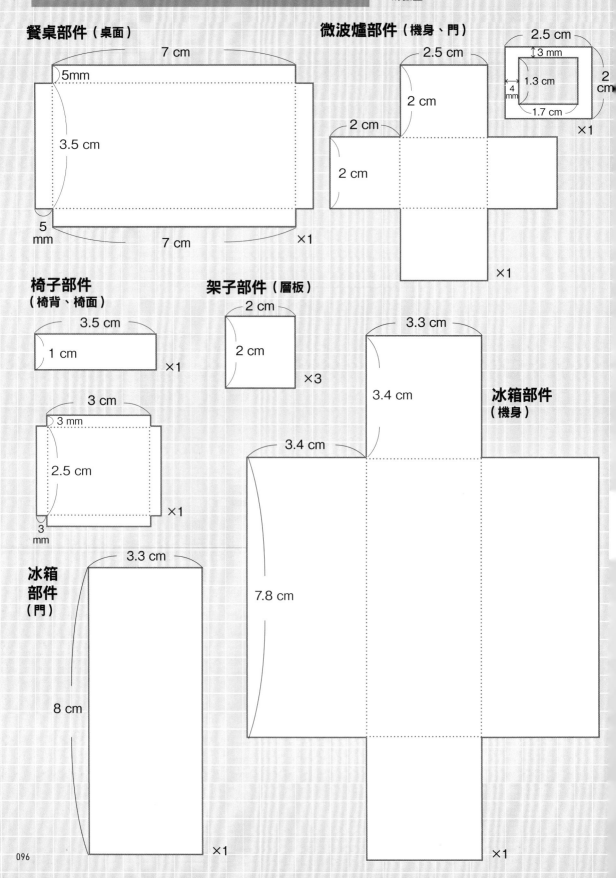

家具（餐桌、椅子、架子、微波爐、冰箱）的部件範本

以下提供製作家具時所需部件的範本。請依各部件記載的尺寸切割，並準備好必要的數量。

餐桌部件（桌面）

7 cm
5mm
3.5 cm
5 mm
7 cm
×1

微波爐部件（機身、門）

2.5 cm
2 cm
2 cm
2 cm
×1

2.5 cm
3 mm
1.3 cm
4 mm
1.7 cm
2 cm
×1

椅子部件（椅背、椅面）

3.5 cm
1 cm
×1

3 cm
3 mm
2.5 cm
3 mm
×1

架子部件（層板）

2 cm
2 cm
×3

冰箱部件（機身）

3.3 cm
3.4 cm
3.4 cm
7.8 cm
×1

冰箱部件（門）

3.3 cm
8 cm
×1

製作餐桌　　製作時間：約30分鐘～1小時

1
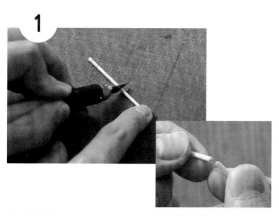

將牙籤切為3.5 cm長。切口用砂紙輕輕打磨，使表面平滑。

POINT 在距離牙籤頂端3.5cm的位置用美工刀切出痕跡，再用手折斷即可。

2
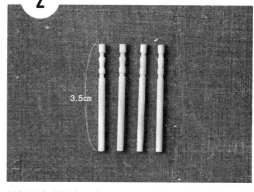

以相同方式做出四支。

3
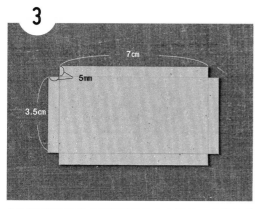

依P.96標示的尺寸切割淺棕色牛皮紙板，並做出折線。

4
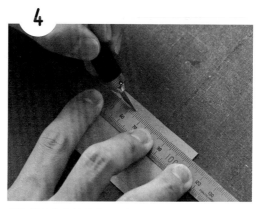

鋼尺對齊③的折線處，用美工刀輕輕劃過約兩次，製造出折痕。

5

沿折線折牛皮紙板。

6
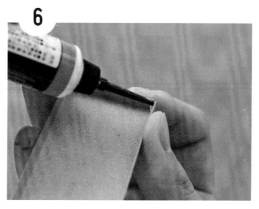

用手指捏住四角，塗上木工用接著劑。

7

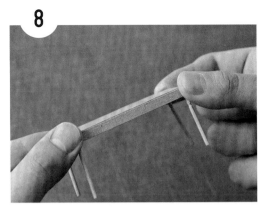

趁木工用接著劑還沒乾時，將②的頂端處黏貼於四角。

POINT 想像要讓接著劑流入縫隙間般，壓住邊角確實黏貼。

8

以相同方式黏貼好四支桌腳後，餐桌便完成了。

POINT 趁接著劑還沒全乾時調整桌腳位置及角度，讓整張桌子維持平衡。

製作椅子　製作時間：約30分鐘～1小時

1

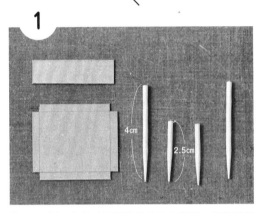

依P.96標示的尺寸切割淺棕色牛皮紙板，並做出折線。裁切長度4cm與2.5cm的牙籤各兩支。

POINT 用砂紙輕輕打磨牙籤的切口，使表面平滑。

2

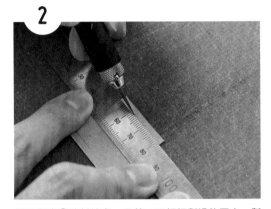

鋼尺對齊①的折線處，用美工刀輕輕劃過約兩次，製造出折痕。

3

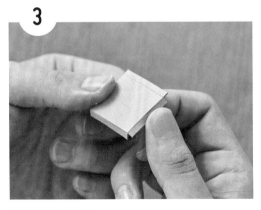

沿折線折牛皮紙板。

4

先裝前面的椅腳。角落處塗上木工用接著劑，將短的牙籤黏貼於內側角落。另一支也以相同方式黏貼。

5

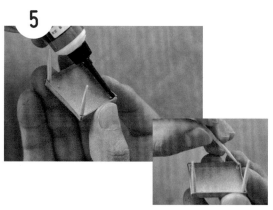

手指捏著椅子後方的兩個角，然後塗上接著劑，再另外用一支牙籤讓接著劑流入縫隙。

6

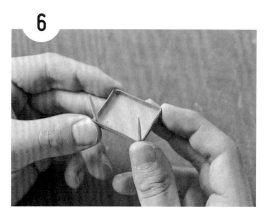

用手指捏住四角1～2分鐘，等待乾燥。

7

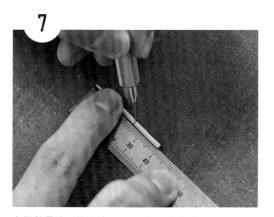

在距離長的牙籤頂端2.5cm的位置做記號。

8

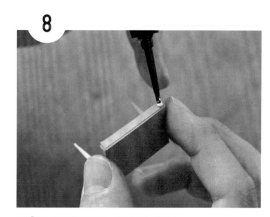

在⑥的外側角落塗上木工用接著劑。

9

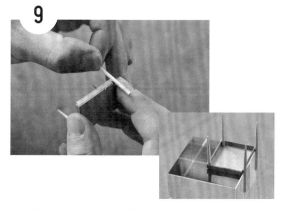

做記號處對準椅面黏貼於⑦。另一支也以相同方式黏貼。

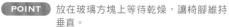 放在玻璃方塊上等待乾燥，讓椅腳維持垂直。

10

椅背部件捲住筆製造出適度的弧度。

11

在步驟⑨裝上的後椅腳頂端塗上木工用接著劑。

12

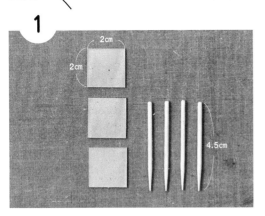

黏貼椅背部件。用手壓著1～2分鐘，等待接著劑乾燥。

> **POINT** 也可以用瞬間膠黏。瞬間膠乾得比較快，可以減少用手壓的時間。

製作架子　製作時間：約30分鐘

1

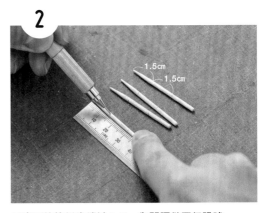

依P.96標示的尺寸切割淺棕色牛皮紙板，並將四支牙籤裁切為4.5cm長。

> **POINT** 用砂紙輕輕打磨牙籤的切口，使表面平滑。

2

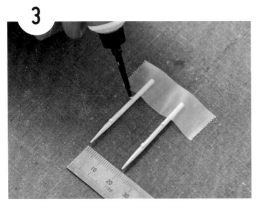

四支牙籤皆從尖端以1.5cm為間隔做兩個記號。

3

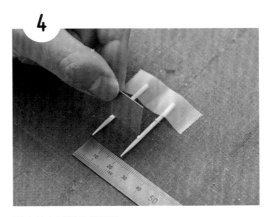

兩支牙籤取2cm的間隔後，以遮蓋膠帶暫時固定，並在步驟②做的記號處塗上木工用接著劑。

> **POINT** 牙籤尖端對準尺會比較好抓距離。

4

垂直放上層板部件黏貼。

> **POINT** 不要心急，等待1～2分鐘確認乾了以後再進行下一步驟。

5

黏貼另一片層板部件。

6

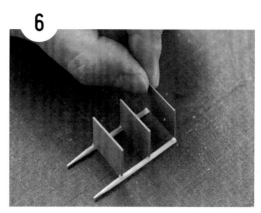

撕掉遮蓋膠帶,以與步驟③相同的方式於上方塗上
木工接著劑,黏貼層板部件。

7

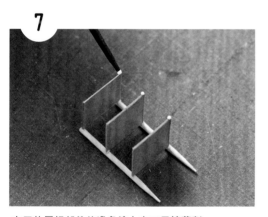

在三片層板部件的邊角塗上木工用接著劑。

8

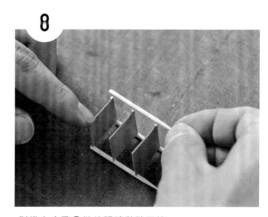

對準在步驟②做的記號黏貼牙籤。

9

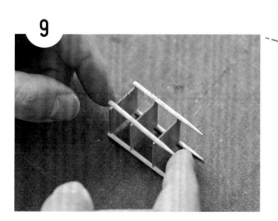

最後一支牙籤也用相同方式黏貼。

完成!

製作微波爐　　製作時間：約1小時

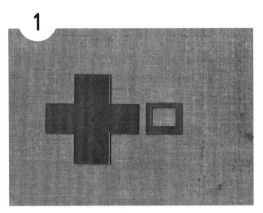

1

依P.96標示的尺寸切割棕色牛皮紙板，並做出折線。

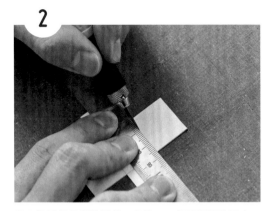

2

翻面後以鋼尺對準折線，用美工刀輕輕劃過約兩次，製造出折痕。

POINT 棕色牛皮紙板的背面是白色的，剛好可以利用這一點來做微波爐。

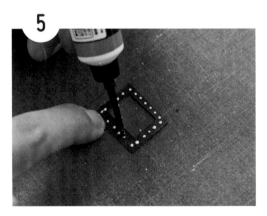

3

沿著折痕折牛皮紙板。

4

捏住邊角並塗上木工用接著劑，確實黏牢。

POINT 可以用牙籤讓接著劑流入縫隙。

5

微波爐門部件的背面塗上木工用接著劑。

POINT 不用全部塗滿，用點的方式塗上接著劑即可。

6

割一塊裝牛皮紙板的透明塑膠袋下來，將⑤黏貼上去。

POINT 這是意想不到的東西也能當作材料的絕佳範例！

7

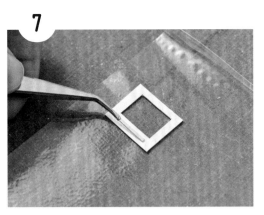

從銀色圖畫紙割出長 2 mm × 寬 1.5 cm的長方形，用木工用接著劑黏貼於⑥的正面。

POINT　由於部件很細小，建議使用鑷子作業。

8

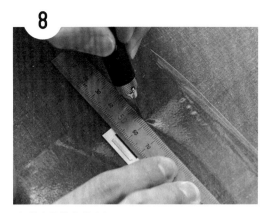

割掉塑膠袋多餘的部分。

9

④的邊緣塗上木工用接著劑，將⑧黏上。

完成！

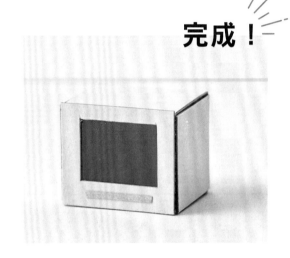

製作冰箱　　製作時間：約1小時

1

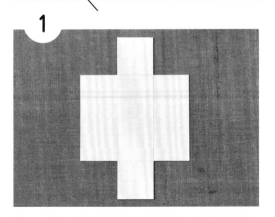

依P.96標示的尺寸切割棕色牛皮紙板，並做出折線。

POINT　外側到了後面的步驟就不會露出來，因此如果沒有棕色牛皮紙板的話，可以用其他顏色的代替。

2

鋼尺對準折線，用美工刀輕輕劃過約兩次，製造出折痕。

3

沿著折痕折牛皮紙板。

4

以類似纏繞的方式黏貼1 cm寬的雙面膠帶。

POINT　使用雙面膠帶不僅有固定的效果，之後還能貼上彩色圖畫紙，可說是一舉兩得。

5

割出約長3.5 cm × 寬25 cm大小的銀色圖畫紙。撕掉於步驟④黏貼的雙面膠帶的離型紙，以類似纏繞的方式貼上銀色圖畫紙。

POINT　黏貼時先對準底面的角。

6

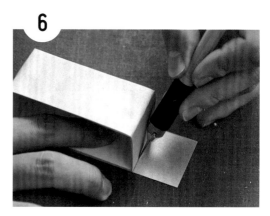

割掉多餘的圖畫紙。

7

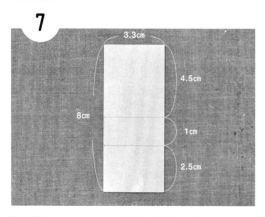

割出長3.3 cm × 寬8 cm的銀色圖畫紙，並在圖中標示的位置用自動筆畫線。

8

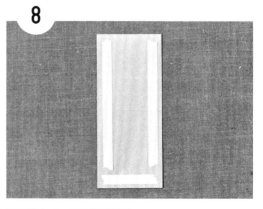

背面貼上5 mm寬的雙面膠帶。

POINT　為避免黏貼時不夠密合，膠帶與邊緣間盡量不要留下空隙。

9

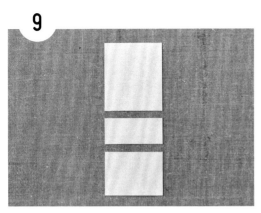

用美工刀等沿步驟⑦畫的線切割。

10

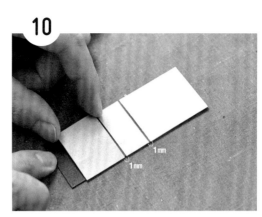

割一塊約長3.3cm×寬9cm大小的黑色牛皮紙板,然後黏上⑨。部件之間留出約1mm的空隙。

11

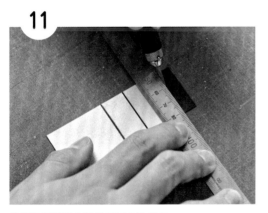

沿銀色圖畫紙的邊緣切掉多餘部分。

12

用黑色油性筆塗黑牙籤尖端。

13

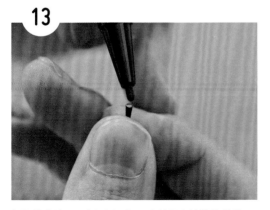

從距離尖端8mm處切斷,切口也以黑色油性筆塗黑。

14

塗上木工用接著劑,黏貼於⑪最大的一層靠近下方的位置。

POINT 這個部分是冰箱的門把。

15

在⑥的邊緣塗上木工用接著劑，黏貼⑭。

POINT 背面是靠牆放，可以不進行黏貼。

完成！

/// step.2　製作內裝、外觀 ///

材 料

修補片（布紋）…1片
修補片（灰泥紋）…1片

墊板（透明）…1片
A4墊板 透明／DAISO

珍珠板（5mm厚，白）…2片
珍珠板（尺寸約300×450 厚5mm）白／DAISO

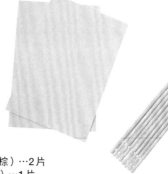

牛皮紙板（淺棕）…2片
牛皮紙板（棕）…1片
牛皮紙板（黑）…1片

（上起）牛皮紙板（A4尺寸約297×210
mm，3片裝），巧克力色牛皮紙板（A4尺
寸約297×210mm，3片裝），黑色牛皮紙
板（A4尺寸約297×210mm，4片裝）／
皆為DAISO

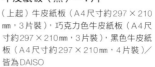

牙籤 …6～8支

修補片（大理石紋）…1片
修補片（木紋）…1片

（上起）大理石紋修補片（白），木紋居家裝
飾片（棕，15cm×2m）／皆為DAISO

收藏盒 …1個
深拱形收藏盒（尺寸
約23×13.3×13.4cm）
／DAISO

內裝、外觀的部件範本

以下提供製作內裝、外觀時所需部件的範本。請依各部件記載的尺寸切割，並準備好必要的數量。

牆壁部件 A

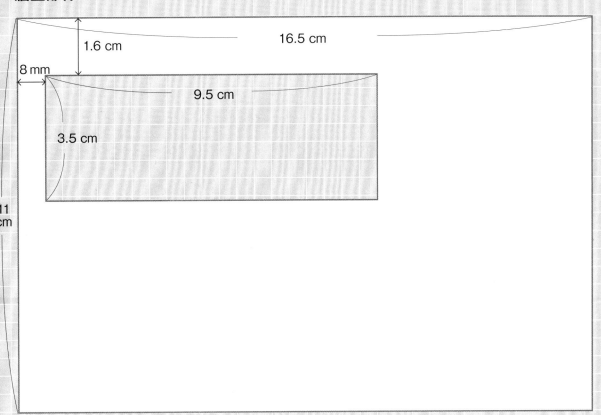

16.5 cm
1.6 cm
8 mm
9.5 cm
3.5 cm
11 cm

× 1

牆壁部件 B

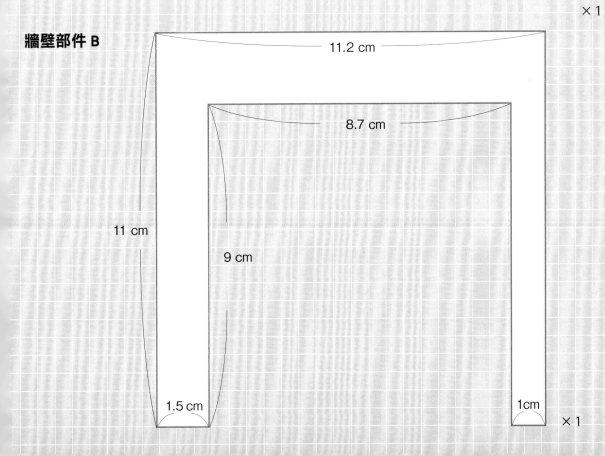

11.2 cm
8.7 cm
11 cm
9 cm
1.5 cm
1cm

× 1

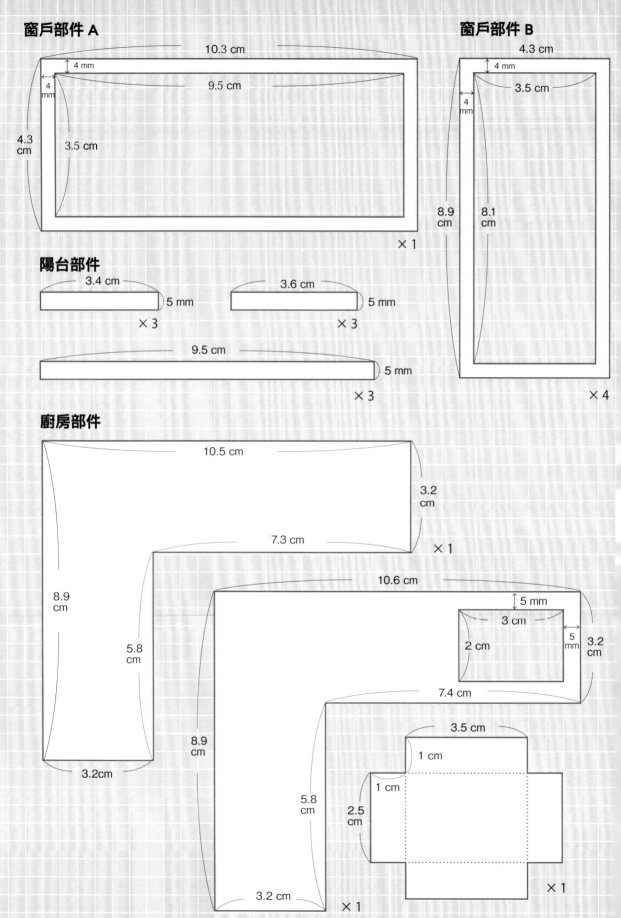

窗戶部件 A

10.3 cm

4 mm

4 mm

9.5 cm

4.3 cm

3.5 cm

× 1

窗戶部件 B

4.3 cm

4 mm

3.5 cm

4 mm

8.9 cm

8.1 cm

× 4

陽台部件

3.4 cm

5 mm

× 3

3.6 cm

5 mm

× 3

9.5 cm

5 mm

× 3

廚房部件

10.5 cm

3.2 cm

7.3 cm

× 1

8.9 cm

5.8 cm

3.2cm

10.6 cm

5 mm

3 cm

2 cm

5 mm

3.2 cm

7.4 cm

8.9 cm

5.8 cm

3.2 cm

× 1

3.5 cm

1 cm

1 cm

2.5 cm

× 1

製作牆壁　　製作時間：約1～2小時

1

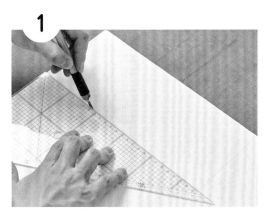

依P.107標示的尺寸切割珍珠板。

2

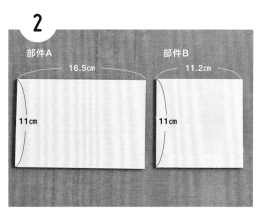

切割好的狀態。長11cm×寬16.5cm的是部件A，長11cm×寬11.2cm的是部件B。

3

於部件A依P.107標示的窗框位置做記號，並割下來。

> **POINT** 以類似按壓的方式割。由於刀刃無法一次割到背面，因此要重複割數次。

4

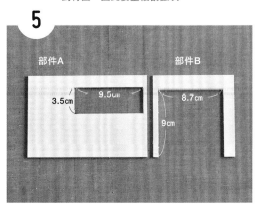

以手指按壓，拿掉要挖空的部分。

5

部件B同樣切掉P.107標示的部分（上圖是將外側朝上擺放）。

6

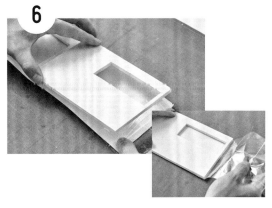

割一塊稍大的布紋修補片，黏貼於部件A內側那一面。

> **POINT** 一面撕開離型膜一面黏貼就能貼得漂亮。

7

割掉多餘的修補片。

8

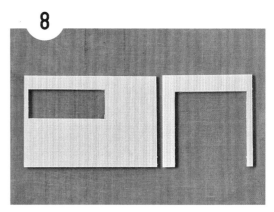

以同樣方式黏貼布紋修補片於部件B的內側那一面（上圖是將內側朝上擺放）。

9

割一塊稍大的灰泥紋修補片，黏貼於部件A外側那一面。

10

割掉窗戶部分的修補片。

11

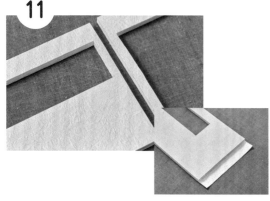

割掉修補片周圍多餘的部分。右邊側面稍微留長一點。部件B外側那一面同樣黏貼灰泥紋的修補片，並割掉窗戶部分。

12

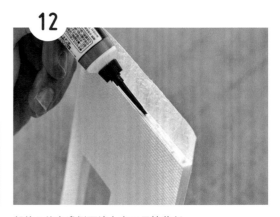

部件A的右邊側面塗上木工用接著劑。

13

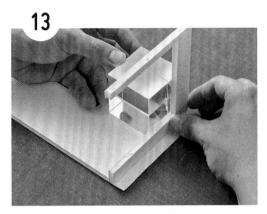

於部件A右側留下的修補片上垂直黏貼部件B。

POINT　抵著玻璃方塊黏貼就能完美貼出垂直角度。

14

割掉修補片多餘的部分。

15

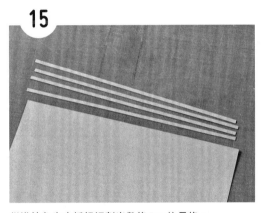

從淺棕色牛皮紙板切割出數條5mm的長條。

POINT　準備約5～6條。

16

測量部件B內側側面的長度,將⑮裁切為該長度後,以木工用接著劑黏貼。

17

外側的側面也以相同方式黏貼⑮。

18

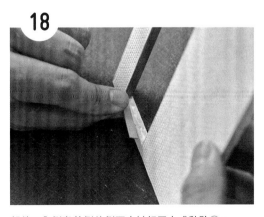

部件A內側與外側的側面也以相同方式黏貼⑮。

POINT　窗框的內側、牆壁的外側也要黏貼。

製作窗戶　製作時間：約30分鐘～1小時

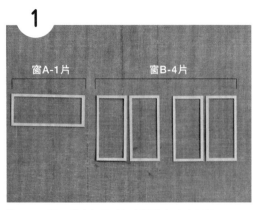

1

窗A-1片　　窗B-4片

依P.108標示的窗框尺寸切割淺棕色牛皮紙板。

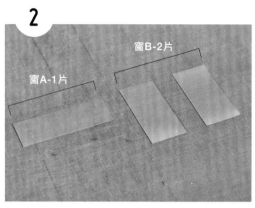

2

窗B-2片

窗A-1片

從墊板切割出一片窗A（長4.3cm×寬10.3cm），
兩片窗B（長8.9cm×寬4.3cm）。

3

窗A是於牛皮紙板黏貼5mm的雙面膠帶，再貼上墊
板。

POINT 由於是要直接黏貼於牆壁A，因此不用像窗B
用兩層夾住。

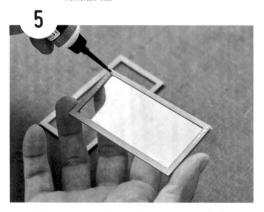

4

窗B是於兩片牛皮紙板貼上5mm的雙面膠帶，再用兩
片牛皮板夾住墊板黏貼。

POINT 以相同方式再做一扇窗B，共兩扇。

5

以上圖方式在窗B邊緣塗上約2cm的木工用接著劑。

POINT 可依自己的喜好決定兩扇窗戶的開閉程度。
只開一點的話看起來較為逼真。

6

貼合兩扇窗B。

安裝窗戶　　　製作時間：約15分鐘

1

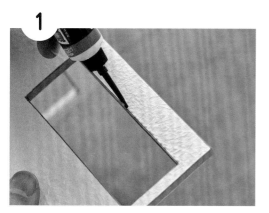

於牆壁部件A外側的窗框周圍塗上木工用接著劑。

2

黏貼窗A。

3

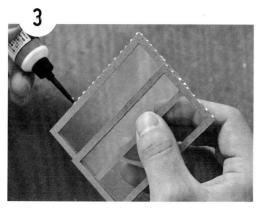

於窗B的上方及左邊側面塗上木工用接著劑。

4

黏貼窗B於牆壁部件B。

POINT　外側朝下放，順著牆壁部件B黏貼窗B，就能
讓窗戶與外牆對齊。

5

將④轉成底部朝上，依牆壁部件B底面長度切割
P.111步驟⑮裁切的淺棕色牛皮紙板，並以木工用接
著劑黏貼。

完成！

製作地板　　製作時間：約1小時

1

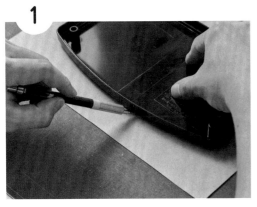

將收藏盒底座翻面放在淺棕色牛皮紙板上，用自動筆沿內側的邊描出形狀。

2

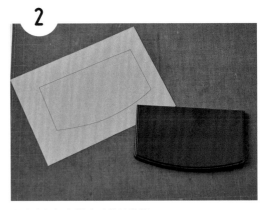

在牛皮紙板上描完形狀的狀態。

POINT 不同形狀的底座也能使用這個方法。

3

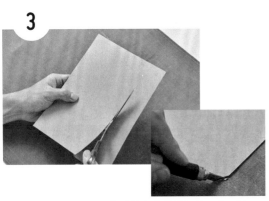

沿著描好的形狀裁切。曲線轉角處稍微切斜一點，以免卡到收藏盒。

POINT 曲線部分用剪刀會比較好裁剪。直線部分則建議使用美工刀。

4

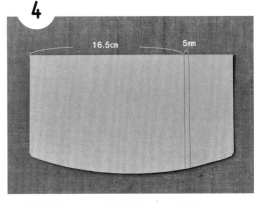

16.5cm　　5mm

在距離左端16.5cm以及再往右5mm處畫線。

5

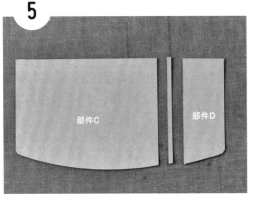

部件C　　部件D

沿步驟④畫的線切割。

6

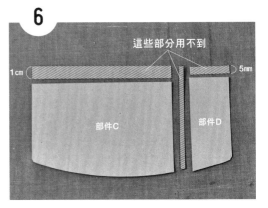

這些部分用不到

1cm　　5mm

部件C　　部件D

左側的部件C在距離上方1cm，右側的部件D在距離上方5mm處畫指示線並割開。

7

部件C的正面貼上木紋修補片。將部件C放在修補片上，割掉多餘部分。

8

貼好修補片的狀態。室內地板這樣就完成了。

9

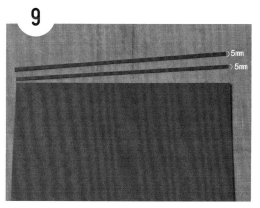

從棕色牛皮紙板切割出5mm寬的長條。

POINT　切割2～3條左右備用。

10

於部件D貼上5mm寬的雙面膠帶。保留間隙貼八道膠帶之後，撕掉一片離型紙，並黏上一條⑨。

11

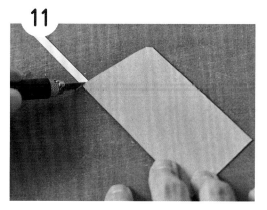

翻面，用筆刀切掉多餘部分。

12

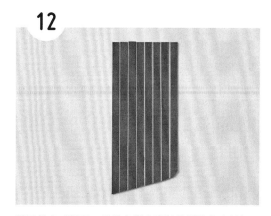

以同樣方式切割，並貼上所有剩餘的長條牛皮紙板。如此一來，陽台的地板便完成了！

製作陽台　　製作時間：約30分鐘～1小時

1

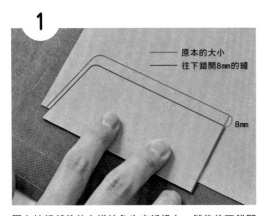

原本的大小
往下錯開8mm的線

8mm

陽台地板部件放在淺棕色牛皮紙板上，然後往下錯開8mm，再用自動筆沿著邊緣描。描好之後再往下錯開5mm，畫一條橫線（步驟②中的黑線）。

2

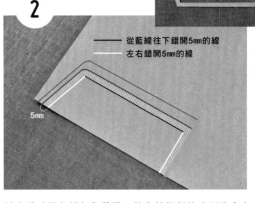

從藍線往下錯開5mm的線
左右錯開5mm的線

5mm

以右端（綠色線）為基準，放上地板部件分別往左右各錯開5mm，畫出直線與斜線。然後切割牛皮紙板，只留下白色斜線部分。

3

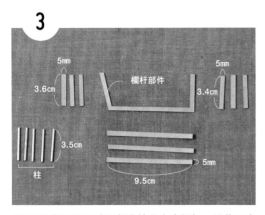

5mm
3.6cm
欄杆部件
5mm
3.4cm
3.5cm
柱
5mm
9.5cm

依P.108標示的尺寸切割淺棕色牛皮紙板，並將五支牙籤切割為3.5cm長。

4

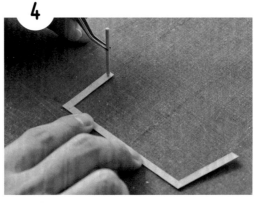

於步驟③切割的牙籤前端塗上木工用接著劑，黏貼於陽台的欄杆部件。

POINT 將欄杆部件翻面，牙籤以立上去的方式黏貼。

5

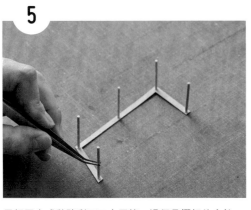

用相同方式黏貼剩下四支牙籤，這便是欄杆的支柱。

POINT 支柱建議立在欄杆兩端、轉角處與長邊正中央等五個地方。

6

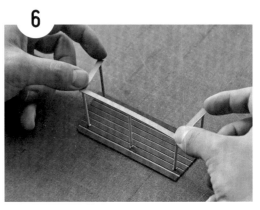

於五支牙籤底部塗上木工用接著劑，黏貼於陽台地板。

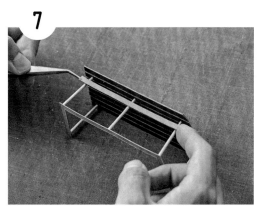

7

將⑥放倒，於三支牙籤塗上木工用接著劑，然後黏貼於步驟③切割的長條牛皮紙板。

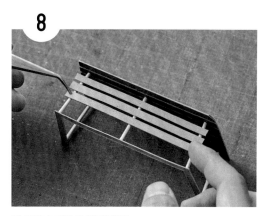

8

以相同方式黏貼剩下兩條。

POINT 間隙大小或是位置等可依自己的喜好調整。

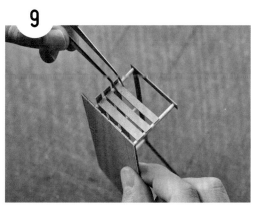

9

轉成側面朝上，於兩支牙籤塗上木工用接著劑，然後黏貼於步驟③切割的3.4cm長牛皮紙板。

POINT 黏貼的高度要與步驟⑧一致。

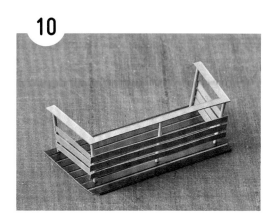

10

斜邊也以相同方式黏貼三支3.6cm長的牛皮紙板。這樣陽台便完成了！

製作廚房　製作時間：約1～2小時

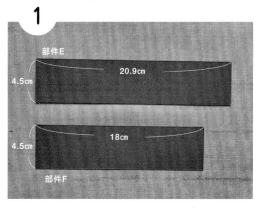

1

部件E　20.9cm
4.5cm

18cm
4.5cm
部件F

從黑色牛皮紙板切割出部件E（長4.5cm×寬20.9cm）、部件F（長4.5cm×寬18cm）。

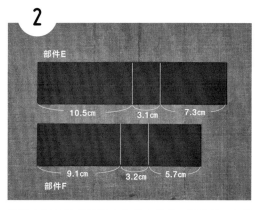

2

部件E

10.5cm　3.1cm　7.3cm

9.1cm　3.2cm　5.7cm
部件F

依圖中標示的位置以自動筆在部件E與部件F上畫線。

鋼尺對準步驟②畫的線,用美工刀輕輕劃過2次左右,製造出折痕。

沿著折痕折牛皮紙板。

在④的正面黏貼木紋修補片。

POINT　放成倒V字形時朝上的那一面是正面。

割掉多餘的修補片。

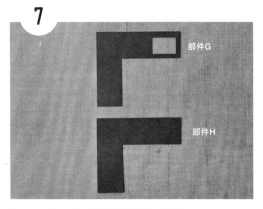

部件G

部件H

依P.108標示的尺寸切割黑色牛皮紙板。

在部件E的邊緣塗上木工用接著劑。

9

放到部件H的長邊上黏貼。

POINT　用手按壓1～2分鐘，等待接著劑乾燥。

10

部件F的邊緣也塗上木工用接著劑，放到部件H的短邊上黏貼。

11

如果有地方沒對齊的話，用剪刀等修齊。

POINT　偶爾可能會因為黏貼方式的關係而對不齊。

12

在部件G的正面黏貼大理石紋的修補片。

13

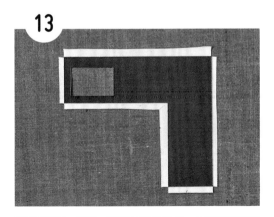

周圍留下5mm左右，割掉多餘的部分。中間空洞的部分沿著邊緣挖掉。

POINT　將周圍留下來的修補片轉角處割掉，進行下一步驟時會比較好黏貼。

14

將修補片往內折，黏貼於牛皮紙板。

15

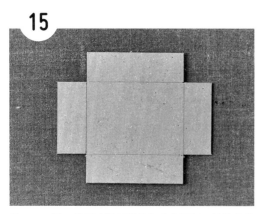

依P.108標示的尺寸切割淺棕色牛皮紙板,並做出折線。

16

鋼尺對準折線,用美工刀輕輕劃過2次左右,製造出折痕。

17

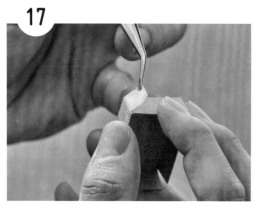

沿著折痕折牛皮紙板,轉角處以透明膠帶等固定住。

POINT 由於水槽只有內側會露出來,因此不需要用木工用接著劑,以膠帶黏貼也OK。

18

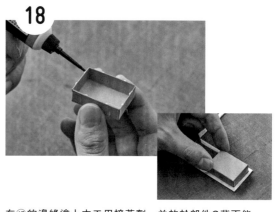

在⑰的邊緣塗上木工用接著劑,並放於部件G背面能蓋住挖洞處的位置黏貼。

19

在⑪的邊緣塗上木工用接著劑,黏貼於⑱。這樣流理台便完成了!

20

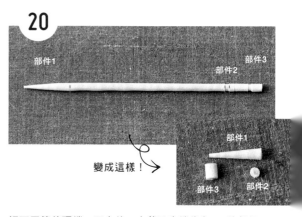

切下牙籤的頂端、下方的一小截及尖端往上1cm的部分。

POINT 筆刀的刀刃抵住牙籤,滾動牙籤進行切割。

21

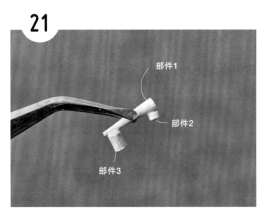

部件1

部件2

部件3

以木工用接著劑將三個部件黏貼成上圖的樣子。

POINT 由於部件很細小，建議使用鑷子進行作業。

22

用極細筆沾取銀色塗料進行塗裝。這樣便成了水龍頭！

POINT 建議在牙籤頂端黏上萬用黏土膠，再將㉑放上來進行塗裝。筆可以用指甲彩繪用的細筆。

23

塗料乾了以後，以木工用接著劑黏貼於流理台。

24

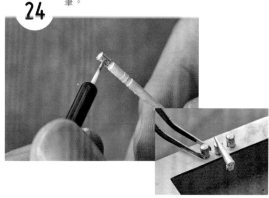

牙籤頂端部分塗上銀色塗料。乾了之後只切下頂端一小截，以木工用接著劑黏貼於水龍頭兩側。

POINT 做兩個一樣的黏貼。

25

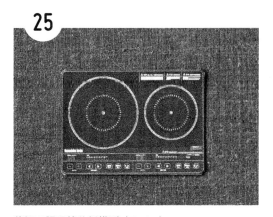

裁切IH調理爐的紙模型（P.125）。

POINT 希望看起來更逼真的話，可以貼上透明膠帶，製造出光澤感。

26

背面塗上木工用接著劑，黏貼於流理台另一頭。這樣廚房便完成了！

1

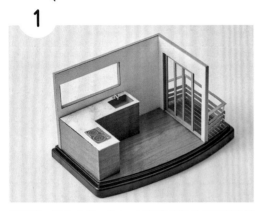

將牆壁、室內地板、陽台、廚房等部件放到收藏盒底座上。想要固定住的話，可使用雙面膠帶或萬用黏土膠等黏貼。

2　　　　　　　　　　完成！

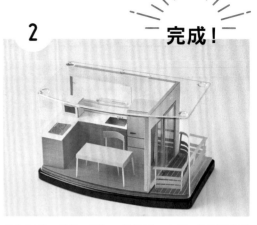

放入餐桌、椅子、架子、微波爐、冰箱。最後蓋上收藏盒的蓋子便完成了！

/// 還可以增添各種小東西！ ///

製作方法請見下兩頁

特別篇 **製作各種小東西**

用紙模型製作物品

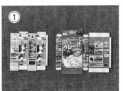

完成！

完成！

POINT

在玉米片的盒子裡放入鋁箔看起來會更逼真。

❶用美工刀割下鮮奶及玉米片的紙模型（P.125）。 ❷沿著折線折，再以木工用接著劑黏貼便完成了。 ❸餐墊與月曆只要把紙模型（P.125）割下來就可以。

製作時鐘

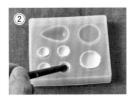
完成！

❶準備黑色牛皮紙板與鈕扣。 ❷配合鈕扣的大小割出長針與短針，並以木工用接著劑黏貼。 ❸在指針的交會處中心位置用銀色麥克筆畫一個點。 ❹這樣時鐘便完成了。

製作碗盤

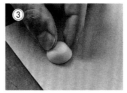

完成！

❶準備石粉黏土與矽膠模具。 ❷石粉黏土輕輕揉過後取適量裝入模具，再以畫筆的尾端等壓薄壓開，使黏土變成碗盤的形狀。放半天左右等邊緣乾燥後取出，置於海綿等物品上徹底乾燥。 ❸用砂紙修整外型。 ❹塗裝成自己想要的顏色。用萬用黏土膠將黏土黏在牙籤上會比較容易作業。 ❺這樣便完成了。可以多做幾個不同顏色、大小的碗盤。

製作盆栽

2cm

❶準備紙製珍奶用粗吸管、遮蓋膠帶、一小截人造花、油粕肥料。 ❷將畫筆插進吸管中，用筆刀等工具切一截長約2cm的吸管。 ❸取約20cm的遮蓋膠帶黏貼於切割墊，切成約2mm寬。 ❹將❸纏繞於❷的吸管。 ❺用畫筆沾取白色壓克力顏料，塗滿整截吸管。 ❻吸管放在遮蓋膠帶上，中間塞入混合了木工用接著劑的油粕肥料。 ❼趁還沒有乾時插入人造花。乾了之後即可從遮蓋膠帶上移開。 ❽這樣便完成了盆栽。不同種類的人造花呈現出的感覺也不一樣，可以多加嘗試。

製作蘋果

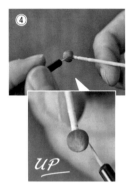

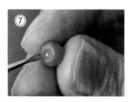
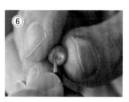

完成！

❶ 準備黃色樹脂黏土與枯葉。
❷ 樹脂黏土做成約8mm大的圓球，再用牙籤壓出凹痕。 ❸放在海綿之類的物品上確實乾燥。 ❹凹痕處抹少許瞬間膠，暫時固定於牙籤，表面以壓克力顏料上色。保留些許原本的黃色，並用極細筆塗出蘋果表面的感覺。 ❺顏料乾了以後用手指捏住蘋果，一面旋轉牙籤一面分開。 ❻凹痕處也塗上顏色。 ❼切一截枯葉的葉柄，塗上接著劑後插進蘋果的凹痕處。 ❽蘋果便完成了。可自行決定是否要塗透明漆。

製作玉米片

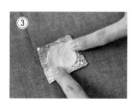

完成！

❶ 準備黃色樹脂黏土、樹脂、鋁箔。 ❷揉捏鋁箔製造出皺痕。 ❸在②上面將黃色樹脂黏土攤平壓薄。 ❹將另一張鋁箔揉捏成球狀，在黏土上輕輕按壓出痕跡。 ❺放置一天乾燥後，將黏土從鋁箔上剝下來。 ❻隨意切割成約1～2mm大。 ❼矽膠模具中倒入樹脂，並混合從白色色鉛筆筆芯削下的碎屑。 ❽使用牙籤將⑦倒入之前製作好的碗中，倒一半即可。接著照UV燈使樹脂硬化。 ❾注意整體比例放入⑥，表面再塗上薄薄一層⑦，然後照UV燈硬化。 ❿玉米片便完成了。用棕色顏料在玉米片上加點焦痕看起來會更逼真。

獨家原創紙模型

以下的紙模型用於前面介紹過製作方法的三件作品中，為實際使用的大小，可以直接剪下來或影印後使用。

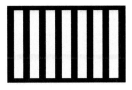
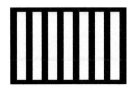

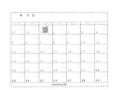
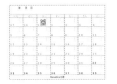

後 記

Hanabira 工房是在摸索中起步的，
幸虧有大家的支持，
如今得到了更多關注及鼓勵。

這就像是大家幫我打造了一處
心靈的避風港。

縮尺模型具體呈現了
我心目中理想的家、充滿冒險氣息的森林、
未曾體驗到的昭和懷舊時光、
長年以來嚮往的風景等。
我非常感謝大家幫我
找到了像這樣用自己的雙手
打造出來的心靈歸屬。

每個人開始動手做東西的動機各不相同，
我希望這本書也能成為
讓人踏入這個世界的契機。

Hanabira 工房

STAFF
攝影　市瀬真以
裝幀‧設計　小椋由佳
文　上村絵美
DTP　小田ミネコ
編輯　金城琉南　川上隆子（ワニブックス）

打造小小世界
用身邊小物製作情景模型與袖珍屋

出　　　版／楓書坊文化出版社
地　　　址／新北市板橋區信義路163巷3號10樓
郵 政 劃 撥／19907596　楓書坊文化出版社
網　　　址／www.maplebook.com.tw
電　　　話／02-2957-6096
傳　　　真／02-2957-6435
作　　　者／Hanabira工房
翻　　　譯／甘為治
責 任 編 輯／王綺
內 文 排 版／楊亞容
校　　　對／邱怡嘉
港 澳 經 銷／泛華發行代理有限公司
定　　　價／380元
初 版 日 期／2023年2月

國家圖書館出版品預行編目資料

打造小小世界：用身邊小物製作情景模型與袖珍
屋 / Hanabira工房作；甘為治譯. -- 初版. -- 新
北市：楓書坊文化出版社，2023.02　面；　公分
ISBN 978-986-377-830-1（平裝）

1. 玩具 2. 房屋

479.8　　　　　　　　　　　　　111020131

ちいさい世界づくり - 身近なものでできるジオラマとドールハウス
CHIISAI MONO DUKURI - MIJIKA NA MONO DE DEKIRU DIORAMA TO DOLLHOUSE
Copyright © hanabira_kobo 2022
All rights reserved.
Originally published in Japan by WANI BOOKS CO., LTD.
Chinese (in complex character only) translation rights arranged with
WANI BOOKS CO., LTD. through CREEK & RIVER Co., Ltd.